奇妙的细胞王国

周予新 孙富强 编著

Cell

河北出版传媒集团
河北科学技术出版社

图书在版编目（CIP）数据

奇妙的细胞王国 / 周予新, 孙富强编著. —石家庄: 河北科学技术出版社, 2012.11
（青少年科学探索之旅）
ISBN 978-7-5375-5553-1

Ⅰ.①奇… Ⅱ.①周…②孙… Ⅲ.①细胞学–青年读物②细胞学–少年读物 Ⅳ.①Q2-49

中国版本图书馆 CIP 数据核字 (2012) 第 274610 号

奇妙的细胞王国

周予新　孙富强　编著

出版发行	河北出版传媒集团　河北科学技术出版社
地　　址	石家庄市友谊北大街 330 号（邮编：050061）
印　　刷	北京中振源印务有限公司
开　　本	700×1000　1/16
印　　张	12
字　　数	130000
版　　次	2013 年 1 月第 1 版
印　　次	2013 年 1 月第 1 次印刷
定　　价	23.80 元

如发现印、装质量问题，影响阅读，请与印刷厂联系调换。
厂址：通州区宋庄镇小堡村　　电话：(010) 89579026　　邮编：101100

前 言

强烈的好奇心和求知欲是人类极宝贵的天性，也是人类解开各种自然之谜的金钥匙。

青少年朋友们，也许你到过许多历史名城，看到过各种奇异的景观。但是，你到过细胞城吗？"游览"过细胞城内的"风光"吗？了解细胞城内的"风土人情"吗？《细胞城里的故事》一书，将带你进入一个奇异、美妙的生命王国——细胞城。细胞膜是这个王国的城墙，有许多"卫兵"忠诚地把守着"国门"；细胞质是这个王国的国土，其中的细胞器就像是林立的工厂，井井有条地进行着各种生命活动；细胞核是这个王国的都城，发出王国内的一切生命活动的指令。在这座精巧的生命之城里，听不到隆隆的马达声，看不到飞转的车轮，但一切又都在安静、有序、高效地运行着……

了解细胞学知识就如同掌握计算机的使用方法一样，是人类社会迈向未来的重要条件和保证。

几百年来，一代又一代富有献身精神的科学家不断努力、不断拼搏，用人类的智慧，对细胞王国进行着越来越深入的探索和研究，揭开了细胞王国中层层神秘的面纱。今天，当我们踏进细胞这个微小而神秘的生命王国里时，你一定会为她的神奇与伟大而感叹。现在就让我们踏着科学家们探索科学的足迹走进这神奇、美妙的细胞城吧！定会为她的

神奇与伟大而感叹。现在就让我们踏着科学家们探索科学的足迹走进这神奇、美妙的细胞城吧！定会为她的神奇与伟大而感叹。现在就让我们踏着科学家们探索科学的足迹走进这神奇、美妙的细胞城吧！

周予新

2012年10月于石家庄

目 录

一 探索细胞的里程碑

- 洞察微观世界的眼睛……………………001
- 初见端倪的细胞…………………………006
- 细胞学说和它的创立者…………………009
- 揭开细胞表面神秘的面纱………………013

二 走近细胞

- 细胞——生命的基石……………………020
- 细胞生命的标志——新陈代谢…………024
- 度量细胞的"尺子"………………………027
- 千姿百态的细胞…………………………028
- 细胞的两大家族——真核细胞和原核细胞…034

- 动、植物细胞一家亲…………………… 037
- 细胞城的毁坏者………………………… 042
- 细胞间的信息通道……………………… 046

三 复杂精巧的细胞膜

- 细胞"城墙"探秘……………………… 050
- 神奇的功能……………………………… 055
- 前景广阔的人工膜……………………… 058

四 各显神通的细胞器

- 细胞是活的分子工厂…………………… 062
- 细胞的"动力站"——线粒体………… 064
- 光合作用的"车间"——叶绿体……… 067
- 生产蛋白质的机器——核糖体………… 071
- 多功能的网状结构——内质网………… 073
- 细胞城内的"包装厂"——高尔基体…… 076
- "消化器"和"清除机"——溶酶体……… 079
- 细胞的"骨骼和肌肉"——微管和微丝…… 082

- "个儿小力大"的中心体·····················084

五 运筹帷幄的细胞核

- 细胞城中的"政府首脑"——细胞核·········088
- 运载遗传物质之舟——染色体················092
- 美妙、和谐的DNA双螺旋·····················094
- 透视基因···100

六 生命活动的守护神

- 生命活动的"动力源"——光合作用·········102
- 细胞城的呼吸——呼吸作用····················108
- 能量的"传递员"——ATP·······················110
- 生命之花——核酸································113
- 生命之"桥"——肽······························115
- 生命活动的主角——蛋白质····················118
- 生命活动的催化剂——酶·······················124

七 古老神奇的细胞城

- 它从远古走来 …………………… 129
- 细胞王国里的"移民" …………… 133
- 红色运输队 ……………………… 134
- 英勇作战的白细胞 ……………… 137
- 细胞的生生不息 ………………… 140
- 能源城——脂肪细胞 …………… 145
- 细胞的衰老 ……………………… 147
- 让癌细胞"改邪归正" …………… 151

八 细胞，我们还在认识中

- 小小细胞是位"全能冠军" ……… 156
- 创造生命的细胞工程 …………… 157
- 细胞工程结硕果 ………………… 161
- 无子瓜果 ………………………… 165
- 小花粉长成大植株 ……………… 168
- 在细胞膜上钻孔 ………………… 170
- "多莉"和它的"父亲" …………… 173
- 克隆——生命科学的新突破 …… 178

一、探索细胞的里程碑

● 洞察微观世界的眼睛

茫茫环宇，辽阔大地，芸芸众生，沧海桑田，这就是展现在我们面前的无限丰富而又变幻莫测的自然界。人们要想观察到肉眼看不见而又精细入微的微观世界，那就必须借助一双神奇的眼睛——显微镜。

远在2000多年前的古罗马时代，人类就会使用透镜了。那时，人们已经懂得无论多么小和多么难以辨认的字母，都能通过玻璃球或装满水的玻璃杯而放大变得更清楚一些。

13世纪末，世界上出现了专门用来矫正视力的眼镜。随着印刷术的出现，文字书籍的增多，人们对眼镜的需求也越来越多。到了16世纪，随着玻璃工业的发展和透镜的应用，磨制玻璃镜片的手工作坊在欧洲许多国家应运而生。

荷兰的眼镜制造业很发达。1590年左右，一个名叫詹

奇妙的细胞王国

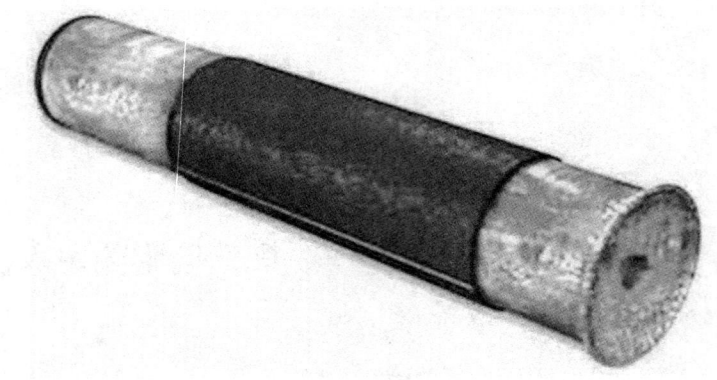

詹森发明了世界上第一台显微镜

森的眼镜制造商偶然发现，当把两块凸透镜重叠在一起并调整它们之间的距离，就可以使原来很小的东西变得很大。于是，他在一个长管的两端分别装上两组透镜，制成了世界上第一台放大倍率为10倍左右的原始显微镜。可惜的是，他并没有用这台显微镜研究和观察生物。

  16世纪发明的光学显微镜，为人类打开了通向微观世界的大门。300多年来，人类为了更清楚地认识微观世界，不断地对显微镜进行着各式各样的改进，一直到18世纪初，具有现代意义的显微镜才得以问世。1716年有人制成了直立的显微镜，它不同于过去的横卧显微镜。直立显微镜有了可以调节物体与接物镜之间距离的螺旋杆和可以让反射光线进入镜筒的反光镜。然而，一直到18世纪70年代以前，这类显微镜都存在一个致命的弱点，即不能把物体无限地放大。当时一台较好的光学显微镜最高的放大率只有200倍左右，这样物质更细微的结构就无法看到。当然，人们也就无法认清细胞的庐山真面目了。

到了19世纪20年代，人们终于设计成功了可以清楚地放大500~1000倍的显微镜。这种显微镜为后来的细胞学说提供了可靠的观察工具。1850年第一次出现了水浸镜头。1870年产生了油浸镜头。1866年左右，西斯发明了切片机，使人们能制出更薄的切片……这些技术上的进展综合起来，把显微镜观察细节的能力大大地提高了。

光学显微镜曾经促进了科学技术的发展，使人类对生物界的认识有了一个质的飞跃。但光学显微镜的最高分辨本领约为2×10^{-4}毫米。物质世界是无限的，要进一步探索微观世界的奥秘，研究细胞内的超微结构，光学显微镜就显得远远不够了。

1931年，世界上第一台电子显微镜(简称电镜)首先在德国诞生了。电子显微镜是用电磁波作光源的一种分辨率更高的仪器，它的分辨本领比光学显微镜高近千倍。

1965年，我国第一台大型电子显微镜在上海试制成功。它是由我国科技工作者自行设计、自行制造、全部采用国产原材料制成的。当时，国外能够制造这种大型电子显微镜的还只有少数几个工业和技术较先进的发达国家。这台电子显微镜的放大倍数最大为20万倍，分辨能力达到了7×10^{-7}毫米。也就是说，相距只有7/1000万毫米的两点，通过这台电子显微镜也能清楚地分辨出来。

奇妙的细胞王国

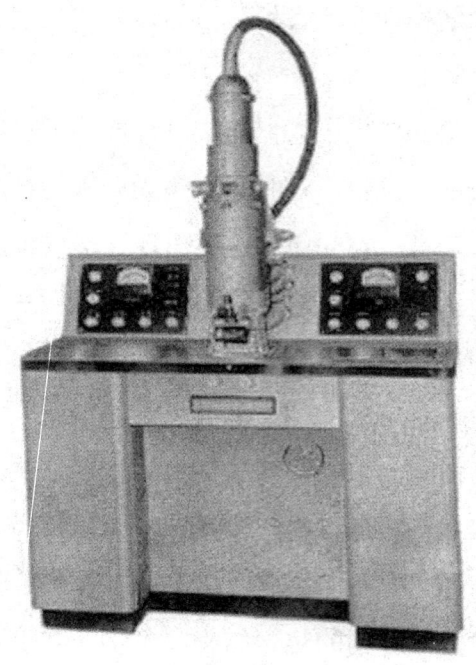

我国研制的第一台电子显微镜

近几十年来，电子显微镜有了重大发展，从透射式电子显微镜到场离子电子显微镜、高分辨透射扫描电镜、百万伏特超高压电子显微镜等均有发展。医学上，科学家们借助电子显微镜可以观察和研究小儿麻痹病毒侵入幼儿神经细胞的情况，以及这种病毒的生长、繁殖规律，为彻底根除危害儿童的脊髓灰质炎奠定了基础；工业上，用电子显微镜这双慧眼可以看清金属的内部结构，提高金属的强度……

1982年，美国IBM公司的宾尼博士和多雷博士率先研制成了世界上最新型表面分析仪器——扫描隧道显微镜，简称

STM，它使人类第一次观测到了比头发丝的百万分之一还要细的原子表面形态。这一发明，使已经步入微观世界的人类，能够更进一步地饱览神秘的原子世界。

随着中国改革开放步伐的加快和综合国力的增强，中国科学家也不甘落后。中国科学院的白春礼教授等人于1988年4月研制出了我国第一台由计算机控制的、有数据分析、图像处理和实时显示系统的扫描隧道显微镜。这台非凡的仪器把物质表面一幅幅奇妙的微观景色展现在人们的眼前，把中国科学家带入了神奇的原子世界。1989年，白教授等人在STM的基础上又成功地研制出更高一级的我国第一台原子力显微镜，简称AFM，它的技术水准达到了世界领先水平。用这台显微镜，科学家们让人类首次目睹了DNA分子的特殊结构，揭开了生命科学研究历程上新的一页。

扫描隧道显微镜为什么有这么神奇的本领，能直接看见物质表面原子排列状况呢？一个原子又有多大呢？举个例子吧，我们一根头发丝直径大约是0.07毫米，如果把它等分成7万份，那么，其中的一份就是1纳米，1纳米相当于10^{-6}毫米。而原子的直径通常就在0.3~0.5纳米。用扫描隧道显微镜能看见如此微小的原子，其原因在于它与普通光学显微镜和电子显微镜的工作原理完全不同。扫描隧道显微镜的探头带有一根探针，它的针尖细到只有原子大小。探针的针尖接近所要观测的样品的表面并进行扫描。当针尖上的原子与样品表面原子的距离小于1纳米时，它们之间会产生隧道电流。

通过记录隧道电流的变化就可以获得样品表面原子的排列情况，并把它转化为图像。扫描隧道显微镜不仅可以直接观察物质表面的原子结构，还可以通过探针对物质表面的原子和分子进行搬移。可以搬动原子，就意味着人类可以按自己的意愿对各种物质表面进行原子级的重构，像搭积木一样，把一个个分子组建在一起，制造新的材料。扫描隧道显微镜所观察到的原子，是目前人类所直接观察到的微观世界的最小尺度。

中国有句古话说得好："工欲善其事，必先利其器。"显微镜的不断改进，为人们探索微观世界提供了有利的条件，微观世界的神秘面纱正逐步被揭开。

● 初见端倪的细胞

显微镜的出现，为人类展示了一个个肉眼看不见的崭新世界，扩大了人们的视野。正是借助显微镜，人类才开始认识微观世界里这个结构精巧、功能完美的"细胞城"。

历史上第一个给细胞起名的人是英国科学家罗伯特·虎克。罗伯特·虎克从小勤奋好学，经常制作出有新意的小玩艺。他把两片凸透镜组合起来看羽毛，发现羽干像树枝那么粗大，绒毛也成了一根根粗大的线。他反复调试两个镜片的距离，找出了焦距与放大倍数的关系。长大后，他成了一名

一 探索细胞的里程碑

物理学家，并且在光学方面很有研究。为了看到更微小的物体，罗伯特·虎克就在镜片的精度上苦下功夫，他不分昼夜地精心研磨，终于制出了晶莹透明的小镜片。他用这些小镜片反复调试，组装成了放大倍数为40~140倍的一架复式显微镜，这在当时分辨率是最大的。

1663年，罗伯特·虎克应英国皇家学会的要求，经常为人们演示显微镜的成果。他每次都要介绍一个用显微镜进行观察的实验，他用的观察材料有跳蚤、虱子、蚊虫、霉菌、地衣、头发等，他还把每一个观察结果都画成了漂亮的显微

虎克利用自制的显微镜观察到的木栓薄片组织

图谱。

1665年的一天，虎克把软木切成极薄的薄片，放在自己的显微镜下观察，呵！他发现这薄片是由一个个像蜂窝中的巢房或像监狱中的牢房那样一个紧挨一个的小房间组成的，房内是空的，他把这些小房间取了一个拉丁文的名字"cell"，意思是"空房"，中文便将它翻译成"细胞"。其实，虎克当时看到的并不是有生命的活细胞，而是软木组织中死细胞留下的空城的"城墙"——细胞壁。实际上，细胞城内活生生的东西他一点儿也没看见。

虎克发现细胞的消息传遍了全世界，人们眼界大开。接着，英国科学家格鲁在显微镜下观察了大量的植物，发表了100多份植物的显微图谱。格鲁发现，细胞中并不是空的，而是多汁的，细胞与细胞互相紧贴着。

荷兰科学家列文虎克

1674年，荷兰的生物学家和显微镜学家列文虎克在显微镜下观察到了红细胞。后来列文虎克又用自己亲手磨制的放大300倍的显微镜，首次观察到了鞭毛虫、细菌、人的精子等许多活的微生物体，他还形象地描述了骨细胞和肌肉细胞的形态。

1675年的一个雨天，列

文虎克取了一滴雨水放在显微镜下观察，看到的景象使他大吃一惊！他看到无数奇形怪状的小东西在蠕动着，就像童话世界里的"小人国"一样。他在记录中写道："在一滴雨水中，这些小生物要比我们全荷兰的人数还要多许多倍……如果把这些小生物放在蛆的旁边，也就好像一匹高头大马旁边的一只小小的蜜蜂……"列文虎克的一系列发现，在生物学史上开辟了一个新的研究领域，他成为历史上第一位在显微镜下观察到微生物和原生生物的科学家。

尽管这些科学先驱者们都看到了细胞，但是由于当时的显微镜技术刚刚起步，他们还只能看到细胞的外观形态，辨别不清细胞内部的结构，因此，不可能真正理解细胞的重要意义。在此后的100多年中，细胞都未能引起人们足够的重视。细胞，在你那神秘的面纱下面是怎样的一张面孔呢？

● 细胞学说和它的创立者

揭开细胞神秘面纱的是德国科学家施莱登和施旺，正是他们二人共同创立了细胞学说的。

施莱登是科学史上一位有名的怪才，他性格暴躁激烈，但才华出众，能力过人。他1804年4月5日出生于德国汉堡的一个医生家里。一贯学习成绩优异的他，中学毕业后进入海

奇妙的细胞王国

德国科学家施莱登

德堡的一所大学学习法律并获得博士学位。此后，他雄心勃勃地在社会上拼搏了许多年并做过多年律师，但事业上毫无建树，最终厌倦了这项工作。

1833年，已28岁的施莱登痛下决心，到格丁根和柏林学习植物学和医学，35岁时又获得了医学和哲学博士学位。学习之余，他开始接触植物学。当时，他仅仅把学习植物学当作一种嗜好，后来则把研究植物学当成了一种终生的职业。于是，历史上多了一位杰出的生物学家。

1835年，施莱登结识了曾发现细胞核的英国著名的植物学家布朗，在布朗的影响下，施莱登开始研究植物细胞的形成和作用问题。他把树叶撕成极薄的小片放在显微镜下观察，他看到了许多细胞叠摆着；切开枝茎，放到显微镜下，他又看见细胞密密麻麻排列着；捡起菜叶，放到显微镜下，视野中还是出现了大量的细胞。一种植物是这样，换成另一种植物也是这样，一连观察了几十种树木、杂草、蔬菜，结果都是如此。最后，施莱登把自己的观察结果整理成论文《植物发生论》，提出了细胞学说。他认为：细胞是植物中普遍存在的结构，而每个细胞中又都有细胞核。无论多么复杂

- 010 -

探索细胞的里程碑

的植物,都是由细胞组成的,每个细胞是最小的活的单位。细胞在一方面是独立的:进行自身的发展生活;另一方面它又是附属的,是作为植物整体的一个组成单位而生活的。

施旺,1810年12月7日出生在德国诺伊斯的一位金匠的家庭。他从小勤奋好学,尤其在数学和物理学方面更是显示出出众的才华。16岁那年,性格内向的他遵从父母的意愿进入著名的耶稣教会学院学习神学。在这里,施旺遇到了一位卓越的宗教老师斯麦特。经过斯麦特的言传身教,施旺逐渐理解了虔诚行为的意义,提高了接受新事物的能力。更为重要的是,学识渊博的斯麦特关于人与自然奇特现象的描述,激发了施旺探索大自然的浓厚兴趣。

1829年,施旺高中毕业后,违背了父母要他继续学习神学,将来作一名传教士的愿望,进入波恩大学学医并最终获得博士学位。1833年4月,施旺返回柏林,到柏林解剖博物馆工作并师从著名科学家弥勒,学习动物解剖生理学并开始了细胞学、微生物学、生理学方面的研究工作。

1838年10月的一天,施莱登邂逅施旺。施莱登把自己未发表的一些研究结果告诉了施旺,同时特别指出了细胞中细

德国生物学家施旺

— 011 —

胞核的重要作用，并鼓励施旺深入研究动物机体问题。

施旺回去后立即开始新的研究。他从田野的河水溪流中捞了一些小蝌蚪，用显微镜观察一个个蝌蚪的脊索，发现它们都是由有核的细胞构成的。他再观察蝌蚪的软骨组织，看到其中也散布着大量的细胞，每个细胞里都有细胞核。这时，他意识到，假如能证明细胞核在动物细胞中起着相同的作用，那意义将极其重要。但是动物细胞的观察比植物细胞的观察要困难得多，动物的细胞很小，通常十分透明，而且形态变化多端，互相之间的差异比较大。他又继续研究了大量的其他不同的动物组织，结果发现无论肌肉细胞、神经细胞还是骨细胞中都有细胞核。于是他提出：有无细胞核是判别有无细胞存在的最重要的根据。

通过对多种动物组织的深入研究，施旺把施莱登的细胞学说扩展到了动物界。他指出：植物的外部形态虽然极其多样，但都是由同一种东西，即细胞构成的。外部形态比植物更加多样的动物机体，也是由细胞构成的。一切有机体都是由细胞构成的，这些细胞又都是按照同样的规律形成和生长的，生命的共性是细胞。

1839年，集施莱登和施旺研究成果的一部具有划时代意义的著作出现了，这就是《关于动、植物的结构和生长的一致性的显微研究》，这部著作轰动了整个科学界。其中的观点主要有以下三点：第一，任何一个细胞都是由别的细胞产生出来的；第二，细胞是生物体的基本构造单位，机体是一个细胞的联合体；第三，虽然在细胞结构上有某些差别，但植物和动物都是由细胞构成的。这就是人们所说的细胞学说。

　　细胞学说的确立就像原子论对化学和物理学一样，首次揭示了生命运动的本质。它开辟了生物学发展的新阶段。革命导师恩格斯更是对施莱登和施旺的成就给予高度评价。他把施莱登和施旺共同创立的细胞学说与罗伯特·迈尔的能量守恒和转换定律、查理·达尔文的进化论并称为19世纪自然科学的三大发现。

　　值得一提的是，施莱登和施旺晚年的境遇很不相同。施莱登从1840年起担任耶拿大学教授，做了大量的科学普及工作。但因得不到学校领导的重视，最终辞去大学职务，在漂泊不定中度过了晚年的20个春秋。施旺却因性格稳重受到器重，继续在科研和教学中贡献自己的聪明才智。

● 揭开细胞表面神秘的面纱

　　人类探索细胞的历史已经有300多年了。初期的研究只能利用光学显微镜，在显微水平上观察细胞。电子显微镜的发明，使人类在细胞结构方面的研究进一步深入，科学家不仅能在亚显微水平上观察到真核细胞的超微结构，而且发现了许多单细胞真核生物奇特的结构。

　　在探索细胞形态的同时，人们更加关心各个细胞结构的

功能。尤其是近三四十年中,对细胞的研究已成为研究生物的基本核心。

现在我们所了解的细胞,不但是组成生物体的基本结构单位,而且也是生物一切最重要生理活动的功能单位。

电镜下的真核细胞,就像一个活生生的现代化大城堡,现在就让我们浏览一下这个城堡吧!

我们先从细胞的外部说起。植物细胞的最外部是细胞壁。细胞壁是由纤维素组成的,它就像古代城池外的护城河一样,起着保护和支持细胞的作用。细胞壁内侧是一层严密的膜,它就好像护城河边高耸的城墙,这层膜就是细胞膜。值得一提的是,动物细胞的最外层没有细胞壁,只有一层细

扫描电子显微镜下各种硅藻的表面

探索细胞的里程碑

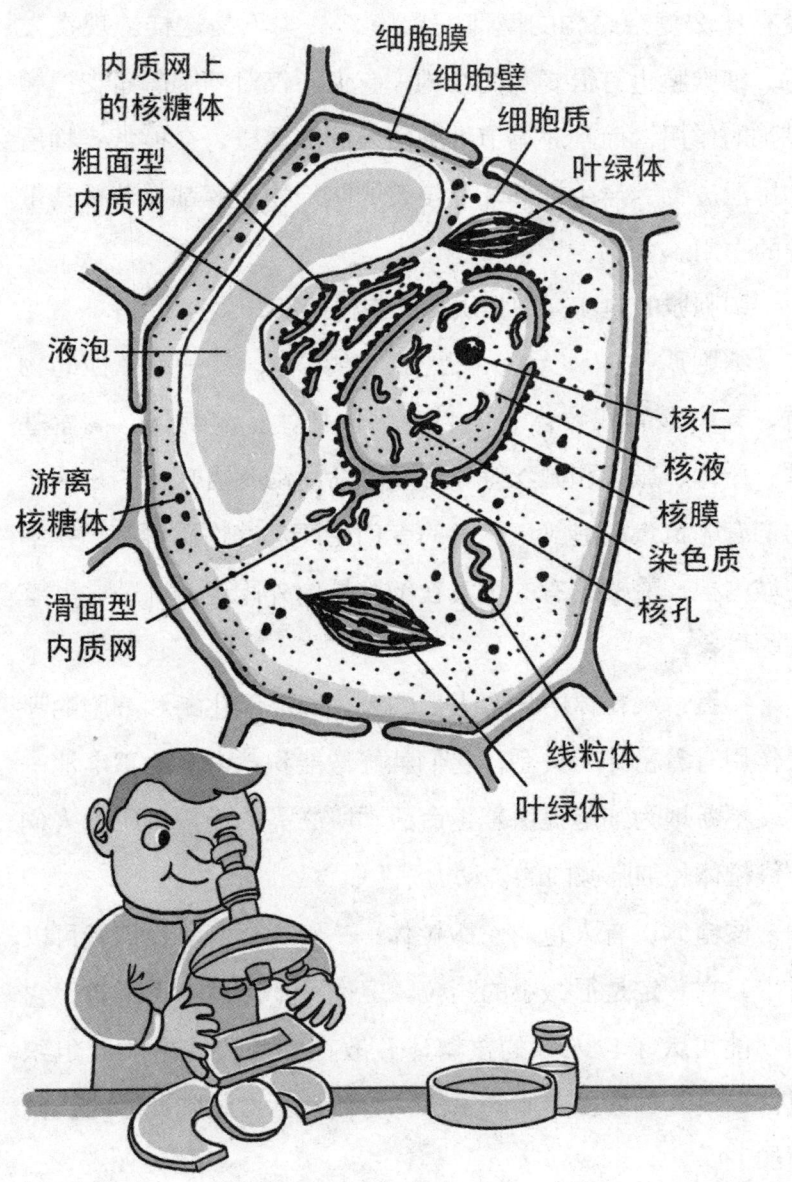

电子显微镜下看到的植物细胞结构

胞膜在起着保护作用。包裹着细胞的细胞膜，原来被认为是没有什么复杂结构的薄薄一层膜，其实不是这样。现在发现，细胞膜也有很复杂的结构，它们不仅对细胞起着支撑和保护的作用，而且对调节细胞内外的渗透压、交换营养物质和排泄废物、产生抵御外界侵袭的防疫物质等都起着极其重要的作用。

细胞城的内部有细胞质和细胞核两部分。

细胞质是一种无色、透明、半流动、有一定弹性的物质，其中含有线粒体、中心体、核糖体、溶酶体、高尔基体、质体、微管和微丝等等许多生命活动不可缺少的东西。它们有的负责制造氧气，有的专门生产营养物质，有的在细胞城内担任警戒，有的忙着在细胞城内外跑运输……一派繁忙的景象。

你看，线粒体中含有大量的氧化酶。氧化酶和细胞的呼吸作用有着密切的关系，它们就好像能积蓄电能的蓄电池一样，不断地为细胞提供着生命活动所必需的能量。所以人们称线粒体是细胞城内的"动力站"。

核糖体，有人也叫它微粒体——从这个名字我们就可以看出，它一定是很微小的颗粒。但你可千万别小瞧了它，它的功能可大了！无数的核糖体分散在细胞质的内质网组织里，担负着合成蛋白质的重任，它们被称做细胞城内的蛋白质加工厂。

高尔基体，真是个奇怪的名字，它实际上是用发现人的名字来命名的一种小"器官"。但你不要误会,这个发现人可不是前苏联那位大文豪高尔基。科学家们研究表明,高尔基体是一个和细胞内分泌物质的集中排出有直接关系的器官。

至于质体,它是植物细胞内特有的器官。质体中的叶绿体是地球上的许许多多生物(包括人类在内)赖以生存的食物和能量的来源,它能借助太阳光,魔术般地把自然界中的水和二氧化碳转变成动物和人类赖以生存的有机物质。可以毫不夸张地说,小小的叶绿体成就了今天繁荣的生命世界。无怪乎一位知名的植物学家曾经说过:"我时刻愿意向叶绿体脱帽致敬。"

这么多的细胞器在细胞内是杂乱无章地分布的吗?不,它们都是由"微梁系统"有序地支撑着。原来,科学家们在应用了荧光标记物和高压电子立体显微镜两项新技术之后,发现了细胞里的微管和微丝,并且进一步观察到细胞内有一个纤维网络结构,这个纤维网络结构是由微管、微丝和居间纤维共同组成,被称为细胞内的"微梁系统"。细胞内所有的细胞器和膜系统都是由这个网络系统作支架的。微管对维持细胞的形态有重要作用,所以它被称为是细胞的"骨骼";微丝因为能像肌肉那样收缩,所以人们称微丝是细胞的"肌肉系统"。

来到细胞城的中心,映入眼帘的是一座宏伟的"建筑物"——细胞核。细胞核是最引人注意的地方了,科学家们

在细胞核里不仅看到了核仁，发现了细胞核中的染色体，而且认识到生命的遗传信息都储存在染色体的基因中。细胞核与细胞的分裂和代谢有密切的关系，细胞城中的各种活动指令都是由细胞核中发出的，因此它是细胞城中的"政府首脑"。

差不多每个细胞中都有一个细胞核，但是也有例外发生，例如，植物体中的筛管细胞就没有细胞核。在筛管细胞的分化过程中细胞核逐渐消失了，筛管生命活动的继续主要是靠与它做伴的伴胞中的核来控制和调节的。人体血液中成熟的红细胞中也没有细胞核，这是它们为更多地携带氧气分

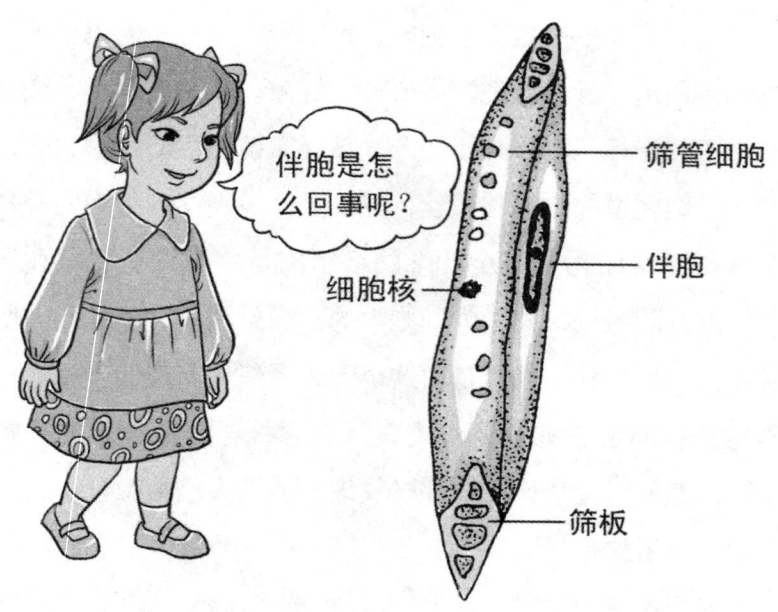

无核的筛管细胞和它的伴胞

子,"多拉快跑"而特化成的。

  细胞城内,从最外面的细胞膜到最里面的细胞核,这些结构都是相互联系,彼此合作的,它们共同维持着细胞的正常生活。但是,人们对细胞内各种细胞器的亚显微结构,特别是它们的分子构筑与功能的关系并不都完全清楚,科学家们还在为真正揭开细胞城内的神秘面纱而努力着……

二、走近细胞

● 细胞——生命的基石

一座座巍峨的高楼是由一块块基石砌起来的。在自然界，人类、动物、植物这一座座完美的生命大厦，就是由相当于一块块基石的细胞构成的。

也许你不知道，一些动、植物仅由一个细胞构成，这样的一个细胞就是一个鲜活的个体，这样的生物体是单细胞生物。但我们平时见到的更多的生物是由结合在一起的大量的细胞共同组成的，这样的生物体称为多细胞生物。

如果把生命活动中的细胞与化学反应中的原子相比拟，原子是参与化学反应的基本单位，那么，细胞就是生命活动的基本单位。

为什么这么说呢？这是因为核酸和蛋白质等构成生命体的物质，如果单独存在，本身表现不出生命活动，只有当它

走近细胞

们按一定方式组建成细胞的形式(除病毒外)，才能表现出完整的生命活动。病毒虽然也是由核酸和蛋白质等生物大分子集合而成，但病毒不能独立生存，它必须在细胞中才能表现出生命活动。生物体的组织、器官、系统、个体和群体等，虽有生命现象，但它们都是由许许多多个细胞组成的。所以说，生命体生命活动的最小的基本单位是细胞。

在细胞内，原生质是生命的基本物质。原生质不是一种简单的物质，而是一个以蛋白质为主要成分，以蛋白质和核酸为生命活动基础的极其复杂的生命物质体系。原生质的化学成分除蛋白质与核酸以外，还有糖类、脂类、无机盐和水。如果把一个细胞内的原生质的所有成分比作一个大蛋糕的话，那么，各种成分的比例是不同的。

水是生物体中含量最多的成分，占生物体质量的

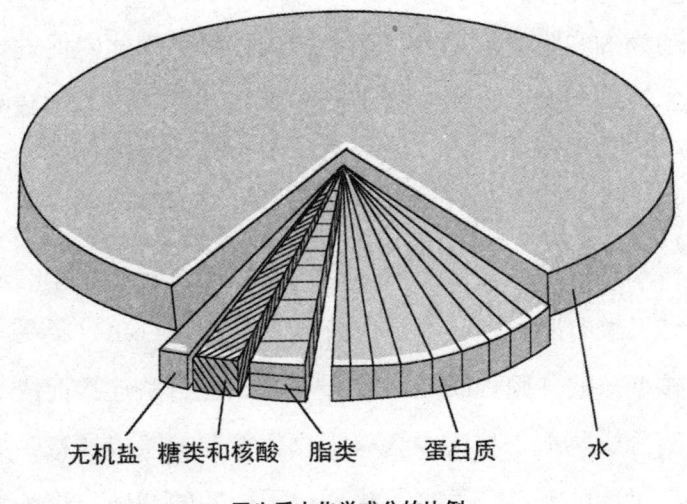

原生质中化学成分的比例

65%~90%。水是良好的溶剂，除脂肪外，参加各种生命活动的分子都需要溶解在水中，这样才能够进行充分的相互作用，以保证生物化学反应的顺利进行。另外，高等动物、植物及人体的营养物质的运输和废物的排泄也需要在水中进行。离开了水，生物体中的各种生命活动就无法进行，生命也就不存在了。

蛋白质是"建造"细胞必不可少的原材料。细胞中蛋白质含量较高，可占动物细胞干重的50%以上。蛋白质是由一个一个的氨基酸连接起来的大分子。由于氨基酸的种类和排列顺序不同，形成的蛋白质分子的种类多种多样，它们在生命活动中也"各显身手"，有的是细胞内结构基石；有的是高效催化剂；有的是运输大王……

脂类主要包括脂肪、磷脂和胆固醇三大类。磷脂是构成细胞膜以及细胞内所有膜结构的"建筑材料"；胆固醇除了参与动物细胞膜的形成外，还参与人体和动物体内促进生长发育的各种激素的形成；至于脂肪嘛，它是生物体内储存能量的"大油库"，它的"燃烧"能为生物体提供生命活动所需要的能量。

核酸在细胞内含量甚微，但作用极大，它是生命的遗传基础。核酸有两类，一类是核糖核酸，简称RNA；另一类是脱氧核糖核酸，简称DNA。它们都是由核苷酸连接而成的长链、高分子物质。核酸中含有生物体重要的遗传信息，关系到生物种族的延续和发展。也许由于核酸的特殊作用，细胞一般都把核酸"珍藏"在细胞的最里面——细胞核内，看来造物主把生命安排得多么精巧啊！

无机盐在细胞中含量很少，仅占细胞的1%~1.5%。它们的最大特点是在水溶液中必须以离子状态存在，如K^+、Na^+、Cl^-等。这些离子不但参与组成生物体内重要的化合物，如磷脂、核酸，而且对维持生物体正常的生理活动起重要作用，因此，无机盐被看作是生命活动的"添加剂"。

总之，细胞是上述多种生命物质的集合体，是一切生物体生命活动的基本单位。随着科学家们对各种生物机能的研究，人们逐渐加深了对细胞特性与作用的认识：

一方面，细胞不仅是一切生命体的基本结构和功能单位，同时又是生命体发育、生长的基本单位。生命体的整个发育和生长过程是从一个受精卵细胞开始，通过细胞内的遗传物质——核酸的调节控制，使细胞依照非常精细的设计，增殖并分化出不同的细胞，进而由细胞组成不同的器官，组成完整的生物个体。

另一方面，细胞还是遗传的基本单位。任何一种细胞，不论是体细胞、生殖细胞、未分化的细胞，还是已分化的细胞，都包含有一整套遗传信息，并由其决定生命体的各种性状。植物体单个的生殖细胞或体细胞经人工培育和诱导，均有发育成为一个完整植株的可能。植物细胞的这种全能性证明，虽然细胞是组成生命体的基本单位，但它又明显地表现出是生命活动的独立单位。

细胞也是生命起源与进化的基本单位。现今地球上种类繁多的生物在演化上都是由原始细胞演变而来的。研究生命起源的一个关键问题，就是阐明原始细胞如何从非细胞开始，即从无明显细胞核的原核细胞向具有真正细胞核的真核细胞进化，从单细胞生物向多细胞生物进化。

生命体的病变与衰老首先表现在细胞结构、功能和各种调节系统的改变上，如细胞水分的减少、重要细胞器的衰退以及细胞脂肪与色素颗粒的增多与积累，都是生命体衰老的表现。

总之，生命体的细胞是一个完整而有序的结构体系，也是一个自动控制体系。这就是说，细胞是具有有序性和自控性的生命体系，细胞是生命的基石。

● 细胞生命的标志——新陈代谢

一个细胞就是一座充满活力的"生命工厂"，其活力的显著标志就是——新陈代谢。

新陈代谢是生命的最基本特征。那么，什么是新陈代谢呢？简单地说，新陈代谢就是生命的自我更新。新陈代谢包括同化作用和异化作用：一方面，细胞不断地吸取营养物质，经过加工制造，变成构成细胞自身的物质，这就是同化作用，又叫合成代谢；另一方面，细胞又不断地分解自身的组成物质，释放出能量并将代谢废物不断地排出细胞之外的过程，这就是异化作用，又叫分解代谢。这就像我们人类每天在进食、饮水的同时，也需不断排泄体内的废物。

　　同化作用是细胞的"建设"过程。以人为例吧，人活着就要吃东西，人吃到体内的食物对人体而言都是一种"异己"的"死物"。如果有人把一种动物体的蛋白质直接注射到人体血液中去，那么人体不但得不到"营养"，还会产生中毒的现象。我们平时吃的各种蔬菜、鸡鸭鱼虾、牛奶等等所有的营养物质都必须经过咀嚼进入胃肠才能被人体彻底地消化，变成人体自身可以吸收、利用的营养物质。

　　异化作用是细胞的"破坏"过程。据计算，人体内的组织蛋白平均每80天就有一半要更新。其中组成肺、脑、骨骼和大部分肌肉的蛋白质寿命约为158天，而组成肝脏、血浆的蛋白质寿命只有10天左右。随着组织蛋白的不断更新，细胞也在不断死亡。人体细胞每天的死亡率约为1%，即每天有数百亿个细胞死亡。红细胞的寿命约为120天。在与外界接触频繁的部位，细胞的寿命则更短。如皮肤细胞的寿命只有十几天，消化器官内壁的细胞寿命只有几十个小时。

　　新陈代谢是细胞生命的标志，同样也是生物体生命的体现。细胞的一生有发生、生长、繁殖、衰老、死亡的过程，由细胞组成的生物体不也在时时刻刻重演着这一幕吗？

　　在高等生物体，同类细胞结合起来形成组织；几种组织又联合起来构成器官；若干个器官再结合就成为一定的系

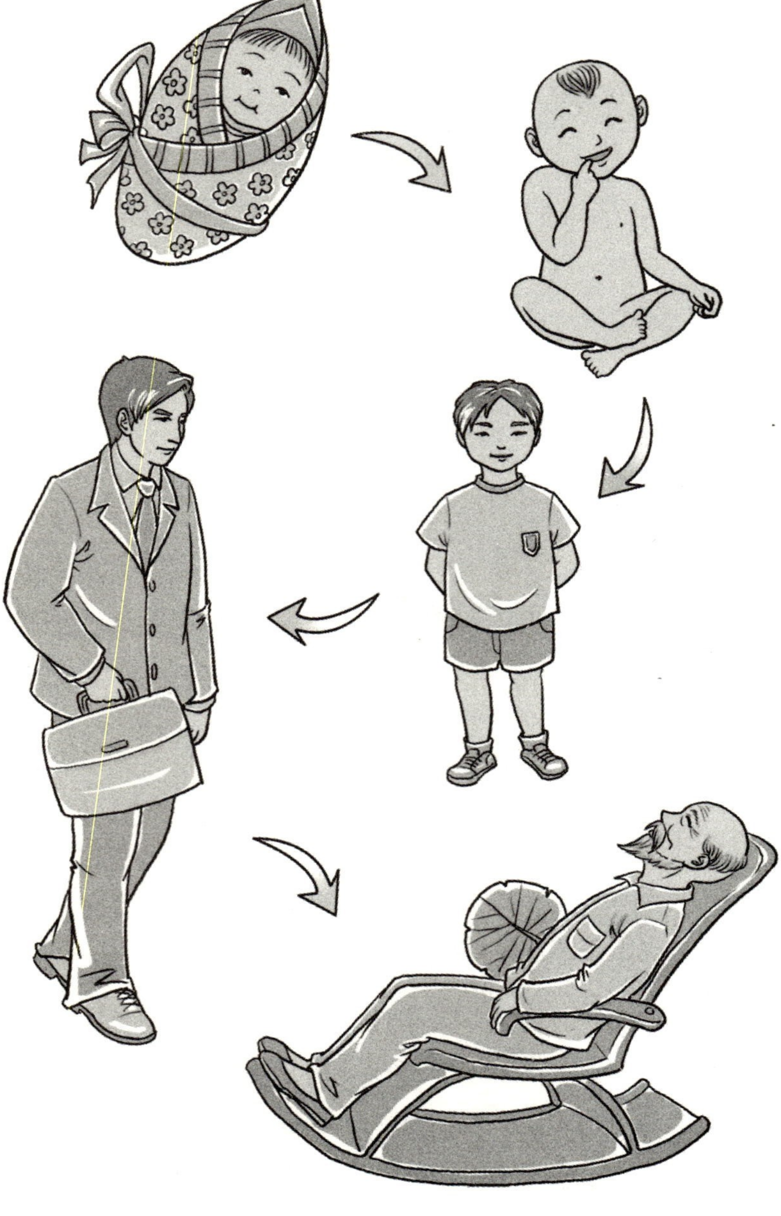

人的一生就是新陈代谢的过程

统。各器官内的细胞既有明确的分工，又有高度的统一性与协调性，它们相互联系，共同配合，在中枢神经系统的支配和神经体液的调节下，实现着极为巧妙的"自动控制"过程，从而保证了生物体的整体性与统一性。由此可见，每一个细胞都不是一个"独立王国"，而是整体中的一个局部。

● 度量细胞的"尺子"

生活中，我们肉眼可见的物体，一般都在100微米以上。但是在小小的细胞城内各种各样的细胞"居民"们却是绝大多数用肉眼也看不见的。那么，在微观世界里我们怎样看清细胞的"容貌"、识别细胞的大小呢？

我们已经知道了17世纪中叶，光学显微镜的出现为人们打开了通向微观世界的大门。

生物学家们通常以细胞直径的长短来表示细胞的大小。光学显微镜下最常用的单位是微米，电子显微镜下最常用的单位是纳米。1微米等于千分之一毫米；而1纳米仅是千分之一微米，也就是百万分之一毫米。

● 千姿百态的细胞

我们已经知道，不论动物还是植物，不论单细胞的变形虫、草履虫，还是多细胞的复杂生物，甚至于人都是由细胞构成的。但是，由于细胞所处的环境条件的不同，它们所发挥的生理功能的不同，细胞在形态上也就表现出了多种多样。例如，有圆形、椭圆形、杆形、星形、扁平形、纤维形、长梭形、方形、立方形以及不规则形等等。绝大多数细胞的形状是固定的，但也有可变形的细胞。

细菌是细胞家族里的"小精灵"，常见的形状有球形、

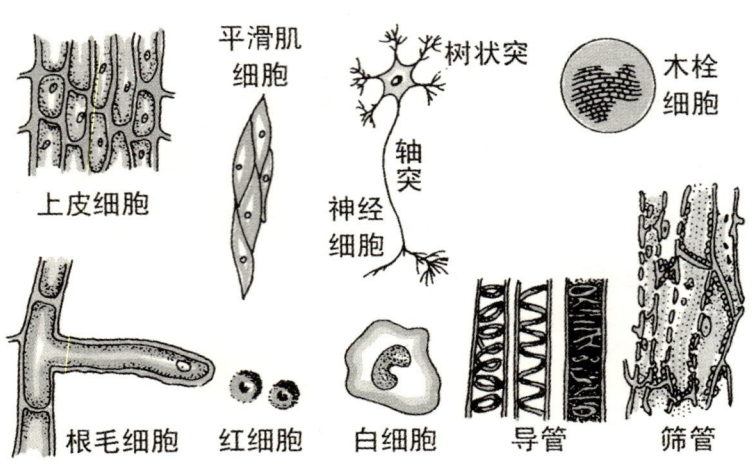

形形色色的细胞

杆形和螺旋形等。

真菌中的酵母菌一般呈圆形、椭圆形或腊肠形，当外界条件适宜时，酵母菌能进行出芽生殖。这时，像小树发芽一样，细胞的表面也会向不同的方向出芽，长出新个体，会"变"出柠檬形、三角形和瓶形等多种形态。变形虫是一种没有固定形状的单细胞生物，随着伪足的延伸，身体的形态也时刻发生着变化。细胞形态结构的特征与其执行的生理机能有密切关系，也就是说，不同生理机能的细胞有着不同的形态结构。白细胞是一种保卫细胞，它的生理功能是吞食入侵的细菌之类，所以其形状不固定，能进行变形运动。

人体皮肤表面角质化的细胞是死细胞，它们呈鳞片状多层排列；人体腔内壁的上皮细胞排列规则且数量多，细胞之间彼此产生挤压，它们的形态往往变成柱形、立方形和锥形；有呼吸功能的气管内壁的上皮细胞不但能分泌黏液，还特化出可以摆动的纤毛，依靠这些纤毛的作用，可以粘住吸入气管内的灰尘，就像在呼吸道内安装了一台"空气过滤器"；在血管里流动的红细胞是扁圆形，它的身体可以任意地伸缩和弯曲，这样在极细的血管内红细胞也能"灵巧"地通过；具有收缩、舒张功能的肌肉细胞呈梭形。

人类的生殖细胞是另一类能游动的细胞。人卵细胞一般为圆形或卵圆形，便于在生殖管道中输送；人精子细胞一般都有鞭毛状的长尾，体形呈蝌蚪状，身体灵活并能在一定的液体介质中游动，以便接近卵子。

奇妙的细胞王国

植物细胞与动物细胞一样，也是多种多样的。叶片中的表皮细胞彼此相互紧密排列，大多数呈扁平形，但是，有的叶表皮细胞变成了半月形，两个半月形的细胞在叶子表面形成一个气孔，叶片吸入氧气和排出二氧化碳都是通过气孔这个"门户"进行的。纺织用的绵花纤维是一种着生在种皮上的极度特化的毛细胞，毛细胞主要起覆盖和保护作用，有些植物的表皮毛细胞兼有分泌功能，分泌芳香油、树脂和樟脑等物质。在植物体中还常有两种特殊的管状细胞——导管细胞和筛管细胞。导管细胞是一种长形的、两头贯通的管状死细胞，细胞壁上还有许多小孔。许多导管细胞在植物体内一个接着一个，可以形成几毫米到上千毫米长的输水管道，这些管道再构成纵横交错、四通八达的管道网，借助于"网络"，把根从土壤中吸进的水分和无机盐及时运送到植物体的任何部位。每一个筛管细胞两端的壁上有许多小孔，好像筛子一样，叫做筛板，筛管便因此而得名。成熟的筛管分子是一种非常特殊的细胞，它们是生活着的，但又没有细胞核，在每个筛管细胞的"身旁"都紧密地"贴"着一个具有细胞核的伴胞。原来，伴胞和筛管是由同一个细胞分裂而来的，两者在生理功能上有密切的联系，二者共同担负着把叶片光合作用的有机物自上而下地运送到全身的重任……

细胞家族中既有"巨人"又有"侏儒"，它们不但大小相差悬殊，结构的复杂程度也极不一样。科学家们现在知道的最小与最简单的细胞是支原体，它仅由一层外膜包围着最必须的生命物质，它的直径大小只有0.07~0.25微米，在电子显微镜下才能看见。一般细菌的细胞直径为1~2微米。

多细胞生物体的细胞，内部结构比较复杂，体积也大些，例如动物、植物和人体内多数细胞，其直径为10~100微米或更大一点。

就人来讲，人体内各部位细胞的大小也很不一样。血液中的红细胞较小，平均直径只有7微米；人的卵细胞最大，直径达到了200微米；在哺乳类动物的神经系统中，有些专管运动功能的神经细胞，细胞体本身的直径一般不超过100微米，但它那像电话线一样能传递信息的长尾巴——突起，竟然可长达1米以上。它们的细胞体位于大脑皮层或脊髓灰质中，但它们的突起末端却可伸到很远的地方。

另外，动物细胞中真正称得上最大细胞的是鸟类的卵，例如鸵鸟的卵算上各种附属物，直径可达10厘米；而有一种叫隆鸟的卵比鸵鸟卵还要大五倍呢！大多数植物纤维细胞

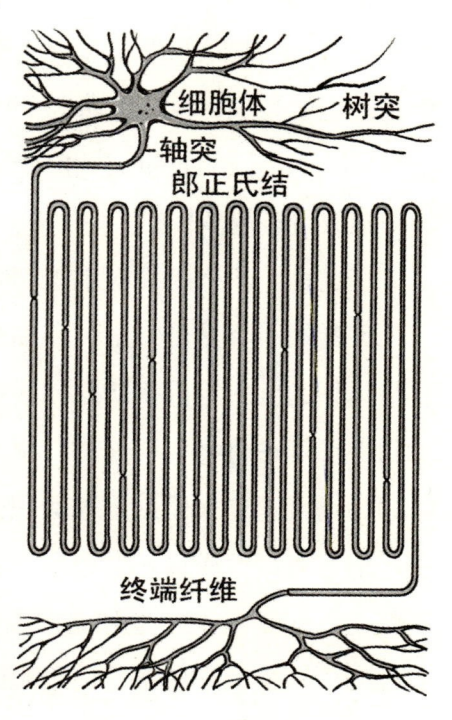

最长的细胞——运动神经细胞

的长度为0.6~1.2毫米，可是大麻的纤维细胞可以长达1~10厘米，最大的苎麻的韧皮纤维细胞甚至长达55厘米，并且纤维的功能就像建筑物中的钢筋一样，在植物体中起着支持和加固作用，可算得上是植物细胞中的"巨人"了。

科学家们研究发现，细胞的大小与生物身体的大小并无直接关系。你看，一头大象和一只小鼠，一株高度达100多米的桉树和一棵小草，它们的体积相差多大呀！但是组成它们的细胞在大小、结构上却相差无几，都必须在显微镜下才能看清细胞的"面孔"。这些细胞都有细胞膜、细胞质、细胞核等基本结构。科学家们的研究已经证明，生物个体的长大主要是由细胞数目的增多决定的，而不是依靠细胞体积的增大。也就是说，组成大象和小鼠的细胞形态、结构可能完全相似，所不同的是组成大象个体的细胞数目要比组成小鼠的细胞数目多得多！

那么，是什么因素限制着细胞体积的长大呢？现在一般认为细胞的大小是受细胞核和细胞质的关系、细胞表面的面积与体积的比例等因素所限制。细胞要通过它的表面不断地和周围环境进行物质交换。科学家们发现细胞生长时，细胞体积的增大速度大于细胞表面积的增加速度，随着细胞的生长，细胞表面面积就相对地减少；同时，细胞有足够的表面积是生活的细胞不断地和它周围的环境(或周围的其他细胞)进行物质交换的必要条件，否则细胞的代谢作用就难以正常进行。所以细胞长到一定大小就不能再长，只有分裂成两个

走近细胞

啊！显微镜下我俩的细胞竟一样大小！

生物间的共性还多着呢

细胞才能恢复原来的体积和面积的比例。

像草履虫、变形虫这样的单细胞生物，虽然它们的结构可能也比较复杂，全部的生命活动都要靠小小细胞来完成，但是由于细胞生长受到了限制，所以单细胞的生物个体也就永远长不大了。

细胞质与细胞核之间也存在着类似的关系。细胞质与细胞核是细胞必不可少的部分，二者之间不断地进行物质交换。细胞增长时，细胞核表面积的增长比不上细胞核体积的增长，这也是限制细胞核增长的因素。我们知道，蚕能吐丝，而科学家们观察发现，蚕在吐丝最忙碌的时候，它的丝腺细胞中的细胞核是分枝状或网状的，这样就增加了细胞核的面积，提高了细胞核和细胞质的交换能力，从而也提高了细胞的代谢水平。反之，等到蚕不吐丝时，它的丝腺细胞中的细胞核就相应地变成圆形了。

● 细胞的两大家族——真核细胞和原核细胞

尽管细胞的种类繁多，形态千变万化，但科学家们仍根据它们的基本结构把细胞分为两大类。一类是体积较小、结构简单的细胞，叫做原核细胞，这类细胞只包括细菌、蓝藻以及支原体等一些简单的生物；另一类是体积较大、结构复杂的细胞，叫做真核细胞。真核细胞是一个大家族，它们构成了大千世界中各种类型的植物、动物及人类。

现在人们认为原核细胞处于细胞进化的原始阶段，是当今世界上最古老的生物细胞类型。它们大约出现在32亿年前的地球上，在经历了30多亿年的漫长变迁中，这类细胞依然如故，没有多大的发展，保持着简单的构造。

研究表明，原核细胞只有一个细胞膜及由细胞膜衍生出来的细胞内膜系统，原核细胞内部结构没有多少分化，没有真正的细胞核，只在细胞的中央有散布着遗传物质的区域，

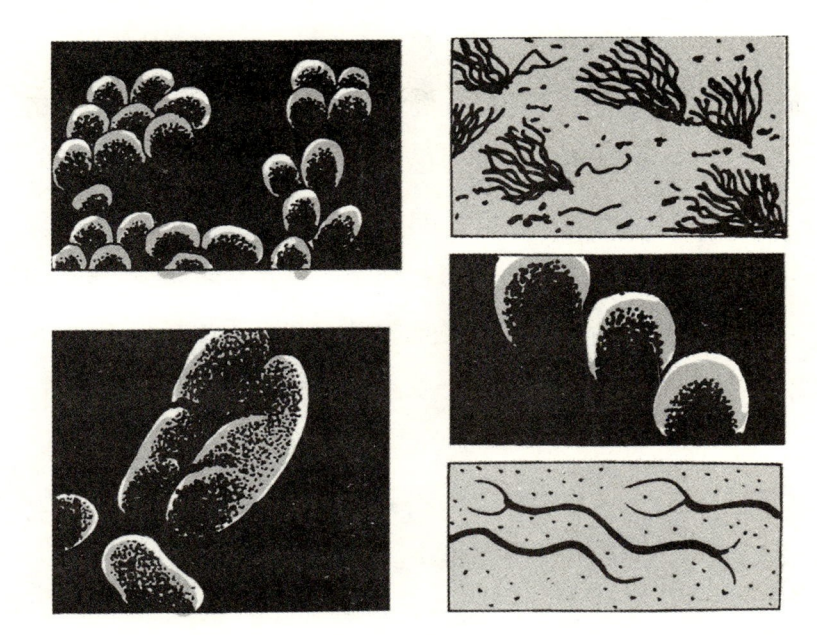

形形色色的原核生物

被称做核区或拟核。核区周围没有界膜，在核区的外围分布着一些核糖体，没有像真核细胞那样的具有特殊机能的细胞器，如线粒体、高尔基体、内质网等。正是由于原核生物没有细胞核，只能进行无性繁殖，所以它们在自然界中进化得很慢，种类也很少。

真核生物被认为是由原核生物进化而来的。据考证，在距今大约15亿年前，地球上出现了真核细胞。真核细胞的出现是生物进化史上的一个里程碑，极大地推动了生物界由低级向高级的进化和发展。因为真核细胞有细胞核，能进行有性繁殖，所以进化迅速。在15亿多年间，由于它向不同的方向进化与发展，于是出现了形形色色、种类繁多的生物，从而使地球进入了一个生机勃勃的新时期。今天世界上的生物，除了个别较低等的以外，绝大多数高等的植物和动物都是由真核细胞组成的。

组成真核生物的细胞是真核细胞。在光学显微镜下，人们只能看到细胞由外到内分成细胞膜、细胞质和细胞核三个部分。但是在电子显微镜下，真核细胞被放大到几万倍，甚至几十万倍，看到的真核细胞可是另一番景象了。

我们把在电子显微镜下能看到的细胞城内更加复杂精巧的结构，称为细胞的亚显微结构。

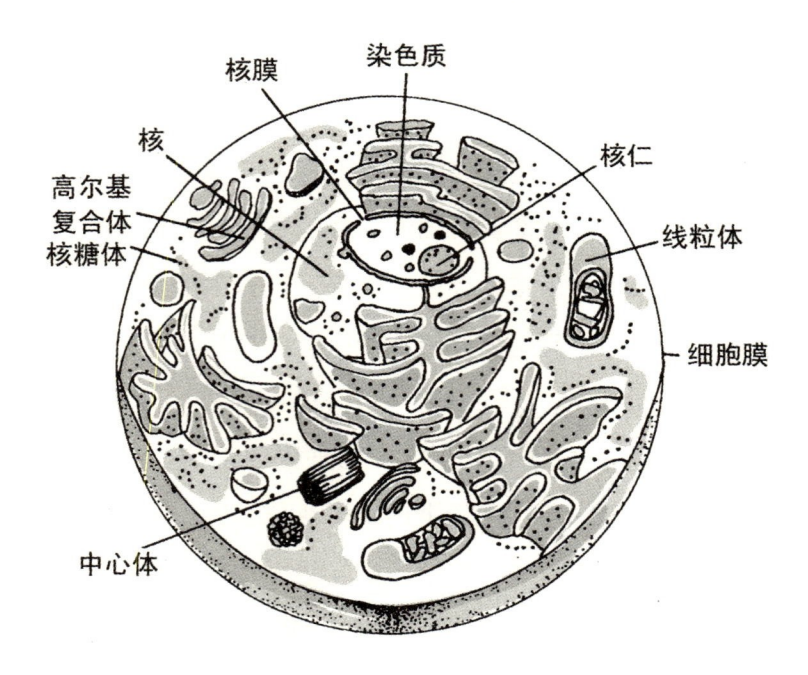

动物细胞亚显微结构模式图

走进真核生物的细胞城，你就会立即发现细胞质中有形态各异的细胞器，如线粒体、内质网、高尔基体、核糖体、中心体、溶酶体等等，它们都有自己明确的分工。还可以看见细胞核是由核膜、核仁、染色质、核液几部分组成。电子显微镜下的细胞简直是一个奇异的王国：细胞膜是王国的国境线；细胞质是王国的国土；细胞器是林立的工厂，生产井井有条；细胞核则是王国的都城。

植物细胞亚显微结构与动物细胞略有不同，植物细胞膜外面多了一层护城的细胞壁；细胞器中有制造营养物质的车间——叶绿体，特别是成熟的植物细胞还有大型的中央液泡。高等植物细胞中没有动物细胞所具有的中心体。

● 动、植物细胞一家亲

在这里，先给你提一个问题，什么是动物，什么又是植物呢？你可能觉得很好笑，这不太容易了吗，"能成长而生活"的是植物；能"成长、生活且能运动"的是动物。实际上，18世纪的瑞典生物学家林奈就是这样区分动、植物的。后来，又有科学家提出动、植物的主要区别在于究竟是自行制造有机养料还是依靠摄取现成有机养料为生，前者称植物，后者称动物。但是当你看了下面的叙述，也许你就不认为这么简单了。

我们知道，珊瑚是生活在海里专门食"肉"的腔肠动物，但是它那充满石灰质的躯体却长得像树枝一样，丝毫动弹不得，以至人们在19世纪以前一直把它叫做"珊瑚树"，归入植物一类。

人们一般都认为植物不摄取现成的有机养料，而是自行制造养料。可是，你看，昆虫飞到捕蝇草的叶子上或者掉进猪笼草那个由叶子变态而成的"笼子"内，就立即会被这些植物"吃"掉；如果用手去触摸含羞草，它的叶子会迅速闭合下垂，这比起海鞘——那种固着在海中岩石上感觉十分迟钝的动物来看，对外界刺激的反应要灵敏得多。这样看来，动物和植物之间的界限真是难解难分了。

为什么会出现这种情况呢？其根本原因在于现代生物的老祖宗——原始单细胞生物那里。

最早的单细胞生物是很难区分出动物或植物来的。它们既非动物，也非植物，有的种类既像动物又像植物，兼有着动物和植物两方面的特点。例如现在生存的眼虫就是这样的单细胞生物。它们体内既有叶绿体，能像植物一样进行光合作用，自己制造养料；

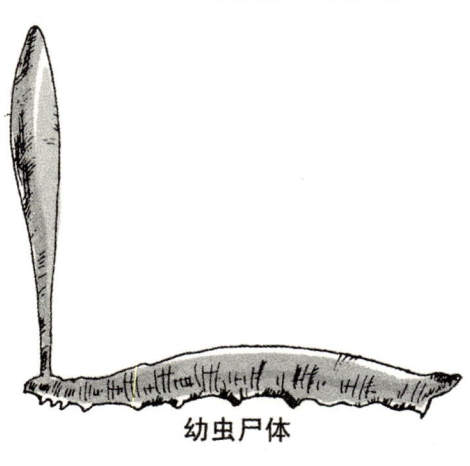

幼虫尸体

冬虫夏草看起来像植物还是动物呢

同时眼虫又具有动物的特征：不仅身上有挥动不停的鞭毛，有能够感光的眼点，而且身体柔软，能借鞭毛的挥动，在水中螺旋式地前进。眼虫的身体前端还有一个凹口，像嘴巴，又像咽喉，叫做"胞咽"。它能通过细胞膜吸收现成的有机物作养料，同时体内又有叶绿体。一到黑暗的环境中，叶绿体就逐渐消失，而一到光天化日之下，它们又重新穿上"绿装"进行光合作用，像植物一样制造养料了。

你也一定听说过冬虫夏草吧！它是一种黏菌，它的"前半生"像只"虫"，整个身体能伸缩自如，灵活运动；"后半生"却像棵"草"，不但能长出"根"和"茎"，它还能结"子"呢！对于黏菌这类微生物，你把它叫做动物或植物都可以。

那么，原生单细胞生物又是怎样分化成为动物和植物的呢？科学研究发现，自有生物以来，原生单细胞生物就生存在不断变化的外界环境之中。

一方面，在当时的原始海洋里，由于原始生物日益增多，现成有机物的消耗量愈来愈大，争夺食物的斗争日趋激烈。在这种情况下，如果没有灵活的运动本领和发达的消化机能，就会得不到现成的有机养料，有挨饿而死的危险。

另一方面，大气的成分也在改变着。原始单细胞生物在消化分解食物过程中放出的二氧化碳，为大规模地进行光合作用提供了有利条件，这又促进了叶绿体等细胞器的发展，从而能自己制造更多的有机养料。

小小的单细胞生物，虽然兼有运动摄食和制造养料两方面的器官和能力，但功率很低。怎么办？要么被自然界淘汰，要么提高运动摄食的本领，要么发展自己制造养料的机构，这就促使原始单细胞生物在细胞形态构造上开始了进一步的分化。

一部分原始单细胞生物向动物界分化，它们的运动摄食的细胞构造日益发展。例如，变形虫和草履虫的远祖原来都是原始鞭毛生物，但它们体内的叶绿体没有得到发展，而主动猎取食物的本领却大为增强。这种单细胞生物虽然没有足，但由于细胞膜较薄，细胞质在膜内随意流动，伸缩自如，能使整个身体在不停的变形运动中伸出许多伪足，动作灵活，能迅速接近和擒住比它小的微生物。它的体内还有食物泡、伸缩泡等器官，担负着消化食物、排泄残渣的职能。草履虫则更进了一步，它的细胞膜外长出了几千条纤毛，能够使身体向四面八方游动，比变形虫更加灵活。这种纤毛还能起到"手"的作用，在摆动时将小虫赶进身体一侧的"口沟"和"胞咽"，一口吞下。变形虫和草履虫都是肉眼看不见的原始生物，但在它们身上，类似"手"、"足"、"口"、"肠"之类的动物性器官，都已经有了雏形。

向植物界分化的原始生物则相反。它们原有的动物性机能日趋衰退，细胞的形态构造也变得愈来愈不适宜运动，而那些进行光合作用以自己制造有机养料的器官和机能则日益发达。例如小球藻也是鞭毛生物的后代，但这种单细胞生物既无伪足，又无纤毛，完全丧失了运动游泳的能力。小球藻的细胞膜外还长出了一层坚硬的细胞壁，来禁锢自己的"身体"。由于小球藻的细胞内存在叶绿体，能够利用自然界到处存在的日光、二氧化碳和水自己制造养料，无需为"张罗"食物而到处奔忙，因而并不妨碍它们的生活成长。相反，细胞壁还可以使它们维持一定的体形，更好地进行光合作用。

光合作用的主要工具是叶绿体。随着原始生物向植物方向分化，细胞内叶绿体的形态也不断发展变化：从片状、杯状到带状、螺旋状，从一块到多块，不断扩大了受光面积，提高了制造食物的能力。一个千姿百态的、郁郁葱葱的绿色植物世界，难道不正是在亿万年前原始单细胞生物细胞和叶绿体日益发展的基础上逐渐形成的吗？

原始单细胞生物营养生活上的分化过程表明：动、植物本是一家亲。动物和植物的分家，无非是由于它们的细胞形态构造在一方面的进化伴随着在另一方面的退化；或者相反，在一方面退化基础上形成的另一方面的进化。它们之间的差别性，始终是相比较而存在的。在有的生物那里，这种差别性十分明显；而在另一些生物那里，它们却始终难解难分。在今天的世界上，"亦动亦植"的生物在低等生物中数不胜数，在高等生物中也可以举出一大批。目前已经发现的十万多种微生物中，有不少直到现在还大体保持着它们在亿万年前"亦动亦植"的古老形态。对于它们，动物学家名之曰动物，植物学家名之曰植物，众说纷纭，莫衷一是，无法确定它们的归属。但总的说来，分了家，有差别，动、植物之间就可以相互斗争而发展。亿万年前在原始单细胞生物中出现的"分家"现象，应该说是一个进步。因此，大多数生物后来事实上都分了家。整个生物界，正是在动、植物之间既相互分离又相互依存之中，不断发展而日趋繁荣的。

● 细胞城的毁坏者

我们已经知道，细胞膜就好像城墙一样，将细胞与外界隔离开，保护着细胞内的细胞器。然而，在细胞城外还有一类没有细胞结构，但具有部分生命特征的"小居民"，它们总想进入细胞城内进行破坏活动，这些破坏者就是病毒和支原体等。别看它们一点儿也不起眼儿，但是它们进入细胞城后，带给细胞城的将是毁灭性打击。

病毒的"身体"非常小巧，可以说是无孔不入，就连细菌不能通过的特制的滤器它们都能轻易钻过，所以病毒也曾被称为滤过性病毒。病毒只有在电子显微镜下才能观察到。别看它们小巧玲珑，不引人注意，但在自然界里的"能量"可不小，它们是许多疾病的"元凶"，能使人和很多种动植物产生疾病。像平常提到的天花、麻疹、狂犬病、沙眼，植物的烟草花叶病等都是病毒在"捣鬼"。

病毒一直威胁着人类的生存

目前，人们已知病毒的种类有300多种。病毒结构简单，一般由作为外壳的蛋白质和遗传物质——核酸所组成。有些病毒的核酸是脱氧核糖核酸(DNA)，有的则是核糖核酸(RNA)，所以科学家们根据病毒体内所含遗传物质的种类将病毒分为DNA病毒和RNA病毒两大类。

科学家们经过实验证明：从同种病毒中分离出来的蛋白质和核酸，如果放在一起，在适宜的外界环境条件下，不外加能量它们就能自动按原来的结构装配起来，成为有活性的病毒。无论是DNA病毒还是RNA病毒，它们那小巧玲珑的身体里都不含生命活动的"催化剂"——酶，所以，在自然界里病毒不能独立生存，也就是说它们只能在活细胞内过着寄生的生活。

烟草花叶病毒是一种专门摧毁烟草植物细胞的病毒。它属于RNA病毒，组成它身体的"轴心"是螺旋状的遗传物质RNA，小型蛋白质分子沿着轴心也作螺旋状排列，形成一个长300纳米，直径17纳米的杆状体。科学家们做了一个实验，把RNA和蛋白质分开，用RNA去侵染其他个体的烟草植物细胞，仍能使植物体生病，而蛋白质则没有这个"本领"。这说明，烟草花叶病毒的传染性在于其上的RNA，正是RNA的复制，才使病毒有了传染性。通过这个实验，我们不难得出一个结论：在以RNA作遗传物质的生物体中，RNA与DNA一样，能够携带并传递遗传信息，蛋白质则不能作为遗传物质。

大家知道，许多细菌是人类的大敌，但细菌也有自己的敌人。其中有一类看起来形状像"机器人"，叫做噬菌体的病毒就是专门来攻击细菌的。它们有一个由蛋白质组成的多面体的"头盔"作为头部，头部内储存有遗传物质DNA，这种DNA同样具有侵染其他活细胞的"本领"。噬菌体的头部以下是支撑头部的"颈部"和"足板"。"颈部"外面还有保护性结构髓鞘，"足板"上有多条足和小钩，起支撑和附着的作用。

那么，小小的噬菌体到底是怎么样攻城掠地闯入细菌细胞的内部，达到自我繁衍的目的的呢？下面我们来看看噬菌体侵染细菌的过程：首先，一个噬菌体伺机用"足板"上的足和小钩牢固地攀附在细胞壁的外面，然后从"体"内释放出溶解细胞壁的物质，这样就可以在细菌细胞壁上开出一个小洞，紧接着，噬菌体的"头盔"内的遗传物质DNA像针筒里的"药液"一样被迅速注入细菌体内。随噬菌体DNA进入细菌细胞内的还有一种能分解细菌细胞内遗传物质的特殊酶，这种酶能在极短时间内，把细菌细胞内的DNA快速分解成一个个小的游离的脱氧核糖核苷酸。脱氧核糖核苷酸与DNA是什么关系呢？打个比方，脱氧核糖核苷酸就像一节火车厢，连接两个脱氧核苷酸的肽键就像连接两节车厢的挂钩一样。成千上万个脱氧核苷酸分子在肽键的连接下形成一个长长的链，两条这样的长链螺旋、盘绕在一起就形成了自然界中一切生物体的生命遗传物质——DNA。所以，科学家们常把脱氧核糖核酸看作是组成DNA的"原料"。

在噬菌体DNA的控制下，以被分解的细菌DNA的游离脱氧核苷酸为基本"原料"，以噬菌体DNA为模板，迅速合成许许多多新的噬菌体DNA。同时，还是在噬菌体DNA的控制下，以细菌细胞内的氨基酸为"原料"，合成许许多多噬菌体的蛋白质"头盔"。在细菌细胞内，新合成的蛋白质和DNA组装成一个全新的子噬菌体。这时的细胞内的生命物质已经被新生的子噬菌体分解并利用殆尽，细胞城内"满目凄凉"，到处"游荡"着新生的子噬菌体，生活的细胞至此已土崩瓦解。过不了多久，成群的子噬菌体冲破破旧的细胞壁，又去寻找新的细胞寄主，破坏新的细胞城去了。

● 细胞间的信息通道

细胞，这座精美的生命之城，乍一看来是封闭的，好像与外界互不沟通往来，但只要你稍稍留心，在普通的光学显微镜下，就能发现相邻的两个细胞之间并不是完全封闭的。动物细胞和植物细胞分别以各自不同方式保持着细胞间的密切联系。

我们已经知道，植物细胞与动物细胞区别的特点之一是植物细胞的细胞膜之外还有一层厚厚的细胞壁，它是由纤维素构成的。细胞壁是植物的"骨骼"，它能稳定细胞的形态，使高等植物体直立挺拔，便于固着生活。细胞壁上的角质、蜡质等还可以减少植物细胞体水分的散失，防止病菌的侵入和保护细胞免受机械损伤。尽管植物细胞多了一层看似严密的细胞壁，然而，相邻的两个细胞之间的细胞壁上还是有很多小的通道——胞间连丝。

胞间连丝，顾名思义就是细胞之间连接的细丝，这种细丝主要是由微管组成，它是伴随着植物细胞细胞壁的生成而出现的。通过胞间连丝，相邻两个细胞之间就能随时保持着信息的沟通和物质的交流。

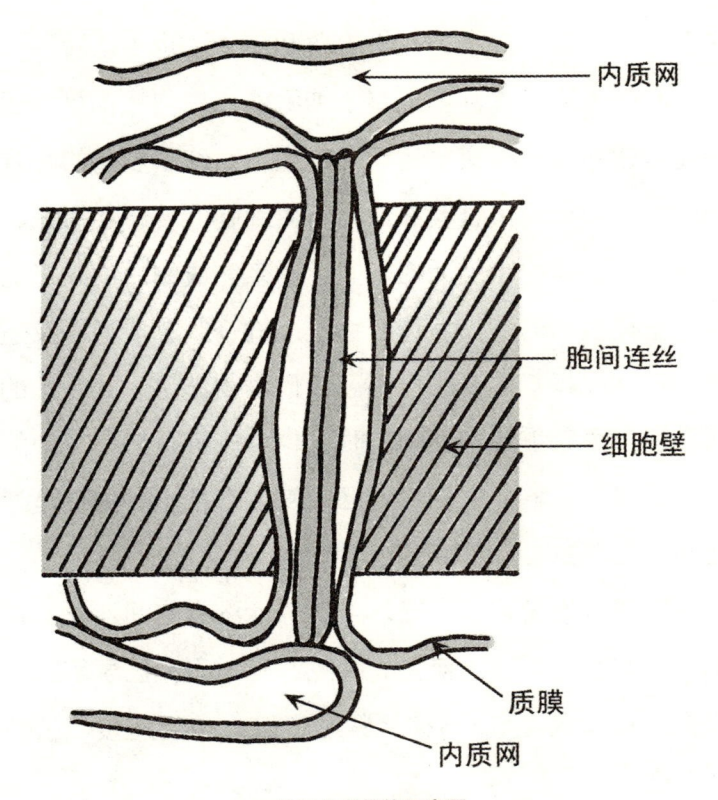

胞间连丝结构示意图

　　因为胞间连丝太脆弱了，所以我们并不能在所有的植物细胞中都能看清胞间连丝。在有些植物细胞的细胞壁上，如我们熟悉的柿子、海枣等的胚乳细胞中可以看到有很多的胞间连丝。

　　在电子显微镜下观察，我们可以看到胞间连丝的形态是多种多样的，它们可以是微管，也可以是内质网，甚至可以是其他形态更大的细胞器。这样，通过胞间连丝把相邻的细胞以至整个植物体的各个细胞连接起来。胞间连丝不仅可以传递电波，转移小分子的有机溶质和离子，也可以转移蛋白质、核酸等大分子，甚至于整个细胞器和细胞核都可以通过胞间连丝的通道进行穿壁运动。比如，在细胞衰老的时候，细胞内的生命物质由衰老部位向新生细胞内转移和撤退，主要是通过半解体的原生质的胞间运动来完成的。由此可见，胞间连丝在植物的生长发育、物质运输、刺激传递以及遗传物质的转移中起着重要的作用。任何事物都是一分为二的，胞间连丝担负着重要作用的同时，也为病毒在植物体中的传播提供了通道。科学家们目前已经知道有几十种病毒是通过胞间连丝在细胞间传播转移的。

　　动物细胞外没有细胞壁，当然也就没有胞间连丝，那么它们之间的通信又是如何完成的呢？科学研究已表明，动物细胞的连接方式主要有4种：紧密连接、中间连接、桥粒和间隙连接。

　　紧密连接就是在细胞的四周形成带状区包绕整个细胞，在连接处相邻细胞质膜的外层有些地方两层质膜紧密结合，这样就形成了像勇士们肩并肩、手挽手地抵御洪水般的铜墙铁壁，使许多细胞联合成整体，以保护内部组织不易受到侵害，同时也可以防止细胞内的生物大分子随意钻出细胞在细胞间隙中游荡，迫使其在细胞内运行，从而使细胞对生物大分子等物质可以有选择地吸收，保证了机体内环境的相对稳定。

　　中间连接是相邻细胞间有约20纳米的间隙，中间充满着蛋白类物质，这些蛋白物质除了把细胞粘在一起外，还起着协调细胞间运动的作用。

桥粒，顾名思义就是细胞之间是靠纤维性物质连接在一起，就像河面上架起的一座桥。桥粒的牢固程度虽然不如紧密连接，却能使起传递信息作用的信号分子自由通过，这对实现细胞间的"通信"起着重要作用。

间隙连接是连接处在细胞与细胞之间并列的质膜间留有2~3纳米的间隙，形成一种"隧道结构"，一些信号分子可以通过隧道在相邻细胞之间穿行，所以说间隙连接对细胞间的通信也起着重要作用。

总之，细胞通信就是细胞之间的信息交换过程。无论动物或植物细胞，每时每刻都在与周围的环境进行着物质、能量和信息的交换，以保证细胞正常生命活动的进行。而作为信息交换过程的细胞通信则是维持由多细胞构成的生命整体统一性的保证。

由此可见，细胞城就像我们生活的大都市一样，是一个活的开放系统。假如有一天我们生活的现代化都市里既不能与外界通电话、不能上网，又没有铁路、公路大动脉的运输，那就会陷入瘫痪状态。细胞城之间的细胞通信也是这个道理。

三、复杂精巧的细胞膜

● 细胞"城墙"探秘

人们用光学显微镜发现了细胞后,在相当长的一段时间里却没有发现细胞膜,甚至怀疑细胞是否有一个确切的边界结构。直到1855年,瑞典的科学家奈利在实验中发现,色素分子进入受损伤的植物细胞的速度比进入完整细胞的速度要快得多,从而他推测细胞周围有一层膜。为了证实这一假设,他在显微镜下"解剖"了细胞:用微细的探针向细胞刺入时,能看见细胞表面出现褶皱,同时还感到阻力。一旦针尖刺破细胞,进到液态的细胞质时,阻力也随着消失了。这就说明了细胞表面的确是有一层薄薄的膜,他把这层薄膜叫做质膜,也就是我们说的细胞膜。

每一个细胞都有一层细胞膜,就像古城四周都有一圈儿城墙一样。细胞膜不仅为细胞提供了与外界环境分开的边界，而且承担着使细胞与外界进行物质与信息交换的功能。

1895年，英国的细胞生理学家奥弗通又注意到脂溶性化合物通过细胞膜的速度比水溶性化合物更快，由此他推断细胞膜的成分之中应当含有脂类。

到了1925年，美国生物化学家高特等人在实验中发现，从分离出的红细胞的细胞膜中能提取出大量的脂类物质，这就进一步证实了奥弗通的推测：细胞膜中含有脂类物质。同时高特他们又发现若把细胞膜所含的脂类铺展成一个单分子层的话，其面积等于红细胞表面积的两倍。他们由此得出结论认为，细胞膜是由两层脂类分子组成的。后来，科学家们又根据细胞表面张力的实验，推测细胞膜之中还应含有一定比例的蛋白质成分。

那么，细胞膜中的脂类分子和蛋白质分子是怎样排列的呢？为了真正探清细胞膜的结构秘密，科学家们又进行了不懈的努力。根据各种间接的资料以及细胞的生理特性，科学家们先后提出了几十种假说，我们把这些假说称为细胞膜的分子结构模型。

最早提出来的细胞膜的结构模型是一种被称做三夹板式模型。1935年英国的科学家丹尼尔提出"单位膜"理论，他认为细胞膜的中央是脂类分子，两侧的表层是蛋白质分子，即细胞膜是蛋白质—脂类—蛋白质三夹板式的片层结构。

到了1954年，丹尼尔又作了修正，认为细胞膜中的脂类分子层呈双分子层排列。具体地说细胞膜的结构应是这样

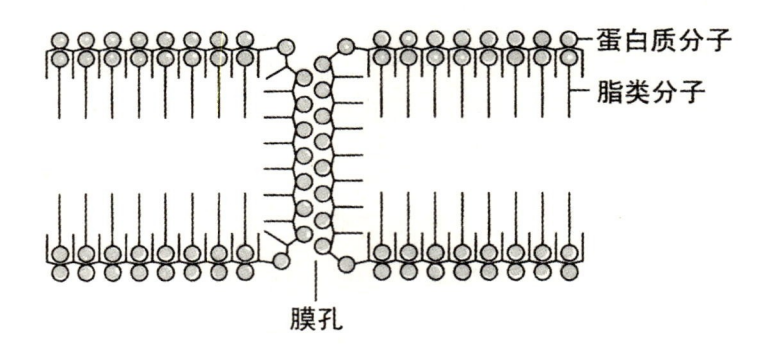

细胞膜结构的三夹板式模型

的：在膜的中央是两层脂类分子，在脂类双分子的内外两表面各有一层蛋白质和它们结合在一起。脂类双分子层的排列也十分有规律，每一个脂类分子都分为头部和尾巴两部分。头部可以溶于水叫做亲水端，它带有电荷，所以又叫极性端；尾巴与水不相溶叫做疏水端，它不带电荷，所以又叫非极性端。因为细胞周围都是水溶液的环境，脂类分子的头部亲水，所以脂类分子就靠近细胞膜的表面；尾巴不亲水，就远离细胞膜表面而伸到膜的中央去。两层脂类分子正好头部靠在膜的两侧表面，尾巴则在膜的中央相接。许许多多脂类分子就这样一对一对地排成两列纵队了。

三夹板模型把脂类分子和蛋白质分子都看成是凝固不动的，而且认为蛋白质分子是均匀地排列在脂类分子的表面，这样就无法解释细胞膜功能的复杂性和多样性。

到了1972年，美国科学家辛格又有新发现，提出了"生

三 复杂精巧的细胞膜

脂类双分子层

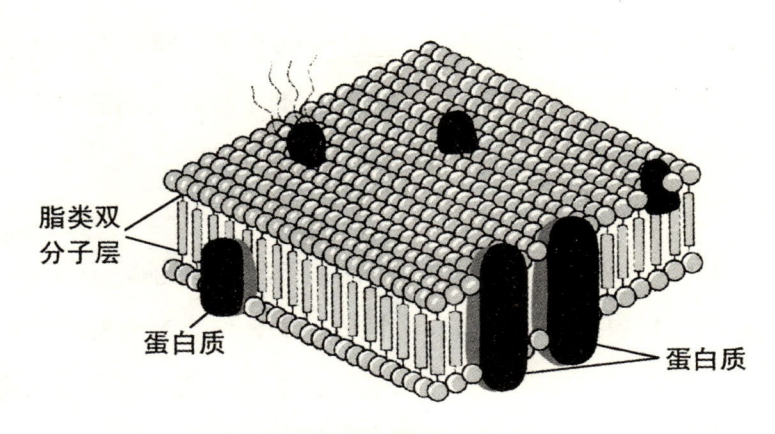

蛋白质

蛋白质

细胞膜流动镶嵌模型

物膜流动镶嵌理论"。这是一种动态模型,它可以解释膜功能的许多现象,目前已被比较普遍地接受和应用。

液态镶嵌模型保留了脂类双分子层的正确概念,而在脂类分子与蛋白质之间的相互关系以及脂类分子本身的物理特性等方面都有了新的认识。这个模型强调,作为细胞膜的基本骨架的脂类双分子层并不是凝固不动的。外层或内层的膜蛋白质也不是一律地覆盖在脂类双分子层的表面,它们以镶嵌、覆盖或贯穿等多种形式与脂类双分子层组合在一起。这些蛋白质不是静止的,而是不断运动的,从细胞外到细胞内,或从细胞内到细胞外,在细胞膜的多种功能活动中起主要作用。如果把可流动的脂类双分子层比喻成海洋,那么其中的蛋白质分子就好像是无规则地分散在"脂类海洋"之中的孤岛了。

后来,借助电子显微镜人们对细胞膜进行了更深入的研究，发现了细胞膜外的附属装置——多糖被。糖类与脂类及蛋白质结合成为糖蛋白和糖脂。组成糖蛋白和糖脂的糖链突出在质膜的外面，尤其是糖蛋白，伸出的糖链很长，分支很多，就像茂盛的植物枝叶。

到今天为止，科学家们对细胞"城墙"的探索仍未止步。每一种模型虽然都有真实性的一面，但也都有推理性的一面。因此，总存在一定的局限性。随着人们对细胞膜的研究不断深入，有关膜结构的概念必然会有新的发展，人们对它的认识也将越来越深入。

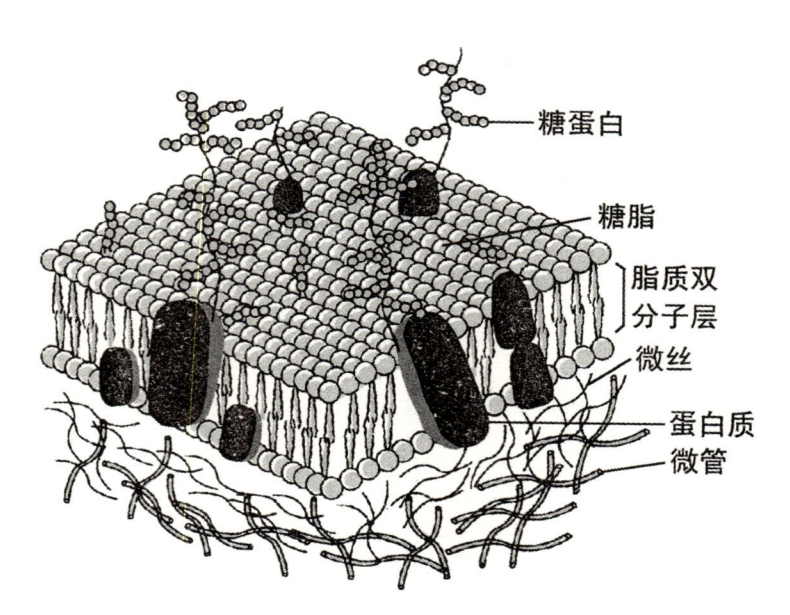

细胞表面分子结构示意图

三 复杂精巧的细胞膜

● 神奇的功能

细胞与外界环境所发生的一切联系和反应都要通过细胞膜来完成，所以细胞膜不仅具有像城墙那样的保护作用，还有许许多多其他神奇的功能。

首先，细胞要不断地与外界环境交换物质，将所需要的营养物质运进来，将代谢废物排泄出去，所以细胞膜要进行"繁忙"的物质运输。一般说来，由于细胞膜内外物质的浓度差而引起物质由高浓度向低浓度运动的现象叫做自由扩散。

细胞通过自由扩散作用进行物质运输时，不需要消耗能量。例如，甘油、胆固醇等脂类小分子以及水、氧气、二氧化碳分子等是可以借助细胞膜两侧的浓度差随意进出细胞的。为什么这些分子有这种进出细胞城的特权呢？一种原因是细胞膜的骨架就是由两层脂类分子构成的，所以，它就和脂类小分子有很强的亲和力，先放它们进城；另外，研究发现在类脂膜上存在着一些分子体积的小孔洞，这些孔洞小得只允许像水分子、氧分子这样的小分子通过。因此，当细胞膜内外存在浓度差的情况下，水分子和其他部分小分子就能通过这些小孔洞进行扩散而进出细胞膜。当采取扩散方式进行物质运输的时候，随着扩散作用的进行，细胞膜内外的浓度差会逐渐变小，扩散的速度也随之减慢，当细胞膜内外物质的浓度达到平衡时，扩散作用也就停止了，可见浓度差是引起运输的主要原因。

当然，细胞膜的运输作用并非一律听从浓度差的摆布。对于细胞需要的物质，细胞膜可以从浓度低得多的外界不断吸收到细胞内。对于不需要的物质，即使浓度再高，也"拒绝"入内。它们还可以把必须排出的物质从浓度很低的细胞质内不断送到浓度高得多的外界。这种逆浓度差的运输方式称为主动运输。这种选择性吸收营养物质的艰巨任务全靠忠诚卫士——细胞膜上的蛋白质来完成的。它们把守着细胞城墙上的各个哨口，把对细胞有害的分子拒之于"城"外；把对细胞有用的分子阻挡在"城"内，以免"人才外流"；对细胞急需的营养物质，则负责安全接送，及时送进细胞里面。例如海带含碘量很高，有时高于海水的几万倍，蛋白质卫士只准碘进不准碘出。

其次，细胞要不断地与外界环境交换信息。生物体是众多细胞构成的"社会"，作为"社会"的一员，每个细胞必须与其他细胞保持密切的联系，按照生物体生长发育的整体需要随时调整自己的行为与细胞群体保持协调一致，所以细胞膜要进行"繁忙"的信息接收与传递。那么，生物体内各类细胞是怎样协调一致的呢？这全靠细胞有一套严密的通信联络。这种信息的联络与细胞膜的功能有密切关系。举一个例子，一只蚊子在你腿上叮了一口，它还没有来得及逃走就被你的巴掌打死了，这虽然只是一瞬间的事，但从皮肤感到痛到伸手打死蚊子之间，却经历了一个细胞接着一个细胞的神经信息的传递过程。神经信息传递主要是通过上一个细胞释放一种叫做神经递质的化学物质作用于下一个细胞的细胞膜而实现的。在下一个细胞的细胞膜上有一种特异性的受体。递质只和其特异性的受体起作用，就好像一把钥匙开一把锁一样。当神经信息通过某类神经递质从上一个细胞传递到下一个细胞时，如果递质和受体合适，信息就可以传递出去，如果不合适，信息就不再下传。这种特性保证了信息传递不"乱套"。此外，在一个信息传递以后，又立即有一种特殊的酶把剩余的递质分解，以防止信息的无休止传递。

最后，细胞膜还要保护细胞不受外来物质的干扰和有害物质的侵袭，积极地进行细胞识别和免疫。细胞识别是指一种生物的细胞对另一种生物细胞的认识和鉴别。大家都知道烧伤病人在植皮时，一定要用自己的皮来移植才能生长，若用别人的皮则不能生长而脱落下来。在高等动物体内的细胞，好像是互相认识的，它们也能识别外来的细胞。例如，在血液中如果有细菌入侵，就会被白细胞吞噬，而它们从来不吞噬血液循环中自己正常的细胞。同样，在植物细胞之间，也能相互识别。例如，开花植物的雌蕊能否接受花粉进行受精，就是"细胞识别"的过程。细胞识别的部位是在细胞膜上。有关免疫、炎症反应等都有吞噬细胞、淋巴细胞、肥大细胞等细胞参与，它们的功能活动都和细胞膜上的受体有密切关系。

● 前景广阔的人工膜

生物膜是细胞进行生命活动的重要结构基础，细胞的能量转换、蛋白质合成、信息传递、物质转运、分泌与排泄等活动都和膜的作用密切相关。

现代细胞学的研究表明：细胞的各种细胞器几乎都是由膜构成的，而且它们彼此连接相互沟通，使整个细胞形成了一个十分复杂的生物膜系统。

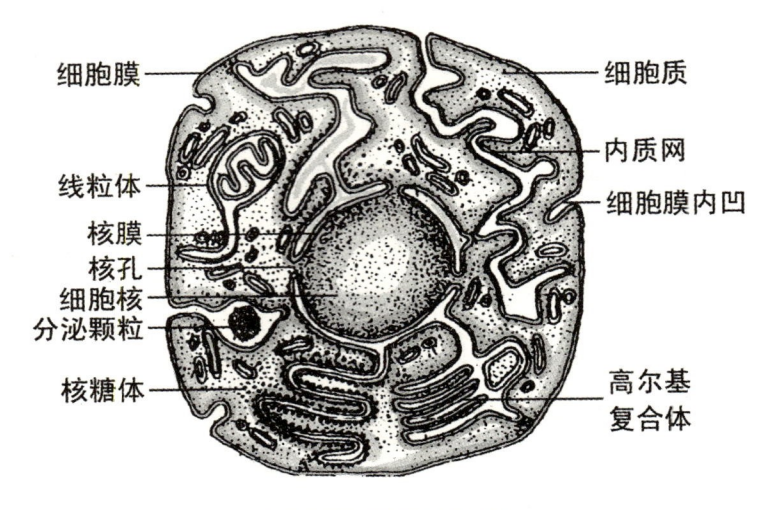

生物膜看起来可真够复杂的

复杂精巧的细胞膜

细胞中进行的生物化学反应也都是在膜上进行的。因此，对生物膜的研究将是揭示生命现象本质的重要方面之一。不仅如此，如果我们能对生物膜的结构和功能有更多的了解，还可能给人类生活带来巨大的利益。

我们知道，肾脏是人体重要的排泄器官。如果人的肾功能出现障碍，体内代谢废物不能及时排泄出去的话，在较短的时间内，人就会出现尿中毒而危及生命。

那么，能否根据肾脏的原理，人工设计一种装置来挽救病人的生命呢？答案是肯定的。目前科学家们利用细胞膜的工作原理制成了一种透析型人工肾，给肾脏病人带来了生的希望。

这种透析型人工肾的原理是：让血液经过人工膜的透析作用，把血液中的代谢废物透析掉。但是，这种人工肾的体积较大，工艺复杂，价格昂贵，而且不能适应于每一个病人。于是人们在此基础上进行进一步的改进，制成了一种叫ACAC的小型人工肾，这种肾是用火棉胶制成的人工膜把活性炭包裹起来，靠活性炭吸附有毒物质。因为这种小型人工肾体积小、费用低、效率高而受到了患者的欢迎。它与透析型人工肾配合使用，能有效地延缓病人的生命。

水是生命的源泉。据资料统计，目前我国有1/3的城市都不同程度地缺乏淡水。随着工农业的发展，需水量越来越大，为了满足社会对淡水的需要，人们不断地向地下深处要水，使地下水位不断下降，进而造成城市地表下沉，大量土地荒漠化，甚至我国西北部的个别地方缺水已到了贵如油的程度，形成了严重的恶性循环。同时，地球上海洋的面积占地球总面积的三分之二，海洋中有取之不尽的海水，但人类却无法直接利用。能不能使海水淡化呢？人们从细胞膜选择性吸收的机制得到启发，利用各种人造纤维制造成人工膜，从取之不尽的海水中提取各种有用物质或进行海水淡化、污水处理等。国外在这方面已取得了一定的成就，开始在缺乏水源的海岛上用人工膜淡化海水，供居民用水。但是，现在的海水淡化器还很不完备，体积大、效率低，只能解决工业用水和定点用水。

　　生病就要吃药，但是，是药三分毒。我们能不能用什么东西把药物包装起来，在使用时使它不去伤害其他的细胞，直奔"目标"释放药力呢？这是人们长期寻求的理想。脂质体就是这块园地里的一枝报春的鲜花。脂质体是由双层磷脂分子组成的人工膜。

　　1971年，科学家们试着把淀粉酶包在脂质体中，给糖元沉积病人服用，效果很好。糖元沉积病是一种遗传病，因为病人肝细胞的溶酶体中缺少淀粉酶，所以淀粉不能分解，引起肝糖元的沉积，造成肝脏肥大。患者服用这种药物后，症状明显减轻。现在，脂质体已开始运用到其他药物的研制之中。

　　细胞膜的研究是揭开生命之谜的重要内容；细胞膜的研究为药物设计、器官移植和癌症防治等提供了理论依据；细

三　复杂精巧的细胞膜

瞧！这就是用脂质体包起来的药物！

今天的人们分享着越来越多的科技果实

胞膜的模拟，又给工农业生产和医药事业的发展展示了美好的前景。可以预料，在分子生物学日新月异的今天，关于生物膜结构和功能的研究定将取得迅速的进展。

四、各显神通的细胞器

● 细胞是活的分子工厂

电子显微镜帮助人类打开了微观世界的大门。深入到细胞超微结构的内部，这时，人们惊讶地发现：细胞就像是一座高效率的"分子工厂"，它比世界上所有的工厂都复杂，其产品种类之多，生产效率之高，是世界上任何一个工厂都无法比拟的。

走进这座分子工厂，你能看到细胞质中存在着形形色色的微小结构。拿一个真核动物细胞来说吧，它里面有短棒状的线粒体、膜状的内质网、囊泡状的高尔基体、球状的溶酶体，在植物细胞内还有多彩的质体和一个大大的液泡。这些结构不仅各具特点，而且各司其职，执行着一定的生理功能，就像生物体中的器官一样，所以人们称它们为细胞器。你可千万不要小看了这些小小的细胞器，它们的生产本领可

四 各显神通的细胞器

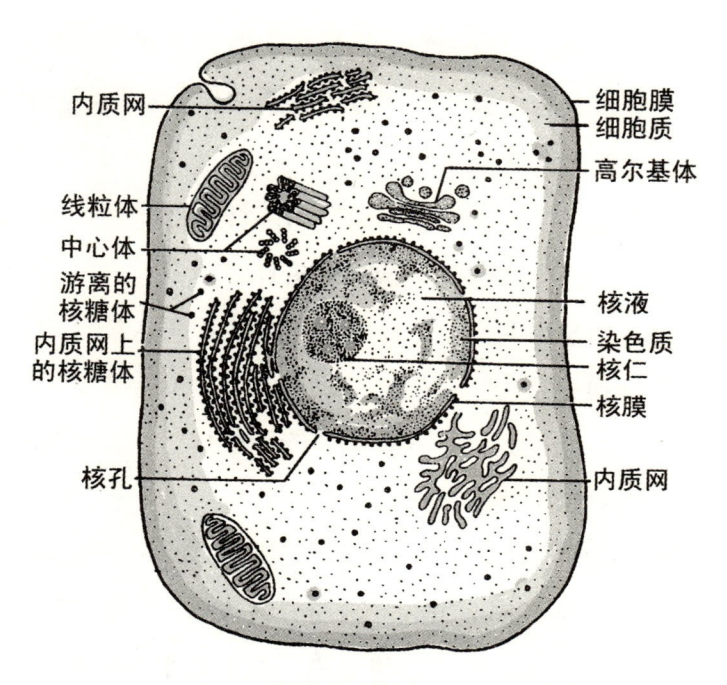

动物细胞超微结构模式图

比人间任何一座现代化的工厂都大呢！

在这座精巧的分子工厂里，听不到隆隆的马达声，看不到飞转的车轮，但一切又都在安静、有序、高效地运动着：细胞质——一种无色、透明、半流动、有一定弹性的物质，在细胞中不断地流动，输送着营养物质、氧气，并带走废物；线粒体中含有大量与细胞的呼吸作用有密切关系的氧化酶，它们就像能积蓄电能的蓄电池，为细胞的生命活动提供强大的动力支持；核糖体——一个个微小的小球体，别看它们的体形小，功能却很大。它们或附着在内质网上，或游离在细胞质中，是非常著名的蛋白质加工厂；内质网——就像它的名字一样，用自己的一张膜状大网，"网络"着细胞的各个角落，起着传递信息、运输物质的作用；高尔基体是意大利的神经解剖学家高尔基发现的小器官，它的突出特点是像一个包装车间，"分子工厂"内的许多产品都要由它最后包装出厂；在动物细胞或低等的植物细胞中，可以找到中心体。中心体是由两个中心粒共同组成的不引人注意的小器官，它是细胞分裂的始动机构，是运动器官的物质基础；在植物细胞里，能看到"令人尊敬"的叶绿体，它是我们地球上无数生物赖以生存的食物和能量的来源。

　　细胞中最引人注目的应该是细胞核了，它一般位于细胞中心，就像是一座城市的"政府办公大楼"，细胞城中的一切生命活动的指令都从这里发出。人们常把细胞核看作是"分子工厂"里的控制中心。

　　"麻雀虽小，五脏俱全"，小小的细胞城内，聚集着"各路英豪"，它们各怀绝技又精诚团结，谱写着自然界里最为奇妙的生命之歌。

● 细胞的"动力站"——线粒体

　　既然细胞是一座"生命工厂"，当然也该具有提供能量的"动力站"，这个提供能量的"动力站"就是线粒体。就像发电厂可以利用煤、油、水甚至铀发电一样，线粒体也可以利用细胞内贮存的糖、脂肪、氨基酸等能源物质氧化产生能量。最常用、最经济的能源物质是糖。

对于细胞来讲，线粒体的活动一刻也不能中断，否则，细胞生命工厂内的所有"车间"将停止生产，细胞城会立刻陷入瘫痪状态。那么，线粒体究竟是什么样的？为什么它们能有如此神力，担当起细胞"动力站"的重任呢？这还要从线粒体的结构与功能谈起。

1894年，人们首先在动物细胞内发现了线粒体。在光学显微镜下观察，线粒体有时呈粒状、有时呈线状，故名线粒体。后来，人们在植物细胞中也看到了它们。除了成熟的红细胞以外，所有真核细胞都有线粒体。

有了电子显微镜以后，人们才看清了线粒体的"真面目"：它宽0.5~1微米，长2~10微米。纵剖开的线粒体，外形看起来像是"一对花生壳"，从外到内，线粒体可分为外膜、内膜、基质三部分。内、外膜的组成成分都和细胞膜相似，主要由蛋白质和脂类组成。外膜是界膜，它使线粒体与周围的细胞质分开，是各种分子和离子进入线粒体内部的屏障。

里面内膜的不同部位向线粒体的中心腔折叠，形成嵴，这样不仅大大增加了线粒体内膜的表面积，更主要的是增大了动力催化剂——酶分子附着的表面积，使线粒体的动力效能达到最佳状态。在内膜和嵴的内侧密布着许多小颗粒，这些小颗粒被称做基粒。每个基粒都由"头—柄—基部"三部分组成，嵴是线粒体能完成动力反应的关键性装置。线粒体内嵴数量的多少是线粒体呼吸作用强弱的标志，有大量的嵴就可以摄取大量的氧，使呼吸作用效率提高。

深入的研究已经证明，线粒体具有一系列的氧化酶系，能够把营养物质完全氧化并产生能量物质——三磷酸腺苷，简称ATP。ATP是一种能量"贮存库"。细胞内的一切生命活动都是由ATP直接提供能量的。细胞能量的95%来源于线粒体。因为线粒体内，在氧气的参与下一个葡萄糖分子氧化后可以产生36个分子的ATP，而在线粒体外的细胞基质中，没有氧气的参与，一个葡萄糖分子只能产生2个分子的ATP，由此可见，线粒体的能量转换率有多高。人们把线粒体称做细胞的"动力站"是当之无愧的。

不同种类细胞内线粒体数目有很大差别，数量自1万个到50万个不等。许多哺乳动物成熟的红细胞中没有线粒体。动物细胞中通常是几百到几千个，植物细胞的线粒体含量一般比动物细胞要少，线粒体的数目与细胞的生理状态有关。如运动员肌肉细胞中线粒体的数目比不常运动的人细胞中的线粒体数目多；肾脏、心脏等生理活动旺盛的细胞中线粒体的数目要比一般部位的细胞中的线粒体的数目要多得多。线粒体是自主性很强的个体，它有自己的遗传物质DNA，因此它的复制和再生是独立于细胞质之外，不受核的控制。这也是为什么功能不同的细胞中所具有的线粒体数目不同的原因吧。

四 各显神通的细胞器

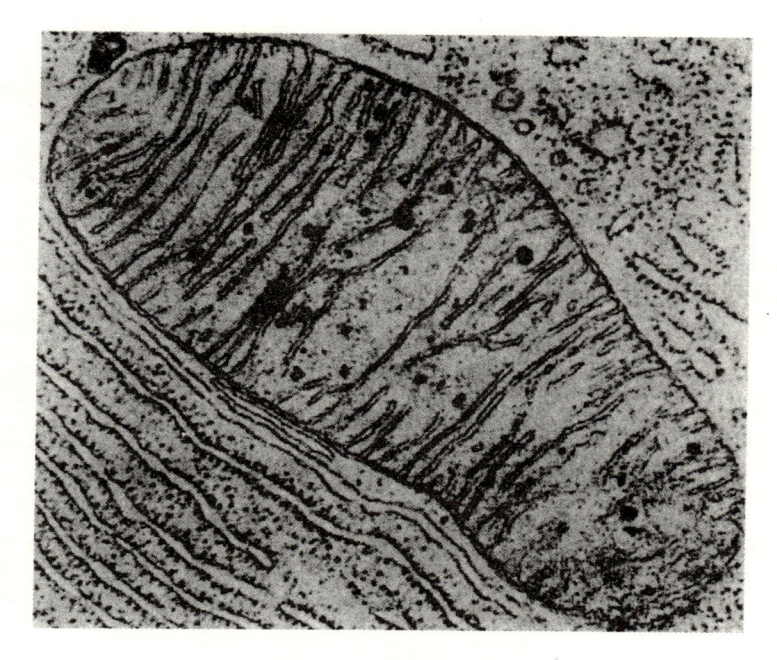

电子显微镜下的蝙蝠胰脏线粒体

● 光合作用的"车间"——叶绿体

"您给一个最高级厨师以足够的新鲜空气、太阳光和清洁的水，请厨师用这些东西为您制造糖、淀粉和粮食，他将认为您是在和他开玩笑。的确，这显然是空想家的念头。但是，植物的叶片却完全能做到。"这是前苏联著名植物生理学家季米里亚捷夫对光合作用所做的生动形象的描述。

什么是光合作用呢？光合作用是地球上惟一可大规模利用太阳能，把水和二氧化碳等无机物合成有机物并释放氧气的独特过程。

据估算，光合作用每年能同化自然界中2×10^{14}千克的碳元素，相当于500万亿吨的有机物质，它为人类、动物及微生物的生命活动提供粮食、氧气和能量。现在人类使用的能源，如煤炭、石油和天然气，也都是植物通过光合作用形成的。光合作用对地球上生物的生存、演化和繁荣起着无比重要的作用。正因如此，人们把能合成有机物的植物叶片称为"绿色工厂"，组成叶片的细胞中的叶绿体就是进行光合作

科学能使这个成为现实吗

用的车间。

叶绿体是质体的一种，植物细胞中的质体，除叶绿体之外还有有色体和白色体等。有色体中含有叶黄素、胡萝卜素等，花瓣、果实中的五颜六色就是由这些色素显现出来的；白色体中不含色素，比如造粉体、造蛋白体、贮油质体等。但是，人们发现有些细胞的白色体含有无色的原叶绿素，这些原叶绿素见光后可以转变为叶绿素，白色体也就变绿，所以人们认为白色体也能变成叶绿体。

叶绿体的形状可以是多种多样的，它可以是环状、星状、饼状或球形等，在不同的植物细胞中也各有不同。叶绿体在细胞中的数目也不一定，如在藻类植物中，有的仅有一个。一般情况下，每一个细胞中有几个至几十个叶绿体，有人估算过，1毫米^{2}的蓖麻叶子中叶绿体的数目可多达数十万个。

为什么细胞中的叶绿体数目竟有如此大的差别呢？原因是叶绿体和线粒体一样有自己的遗传物质DNA和RNA，这样不同的细胞就可以根据自己特殊"职能"的需要专门进行叶绿体的复制了。

在光学显微镜下，高等植物中的叶绿体的形状像双凸透镜，直径5~10微米，厚2~3微米。用电子显微镜观察叶绿体时，可发现叶绿体具有复杂而精细的内部结构。

一个成熟的叶绿体和线粒体一样也是由双层膜包围着，内部充满着液态的基质，在基质中"矗立"着由数十个扁囊

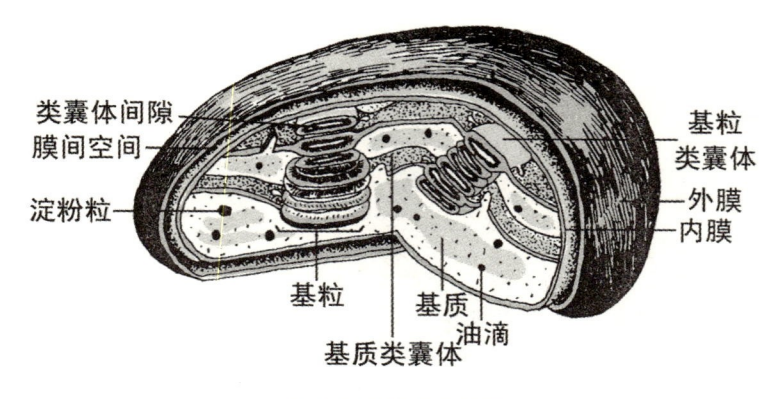

类囊体间隙
膜间空间
淀粉粒
基粒
类囊体
外膜
内膜
基粒
基质
油滴
基质类囊体

叶绿体立体结构示意图

膜罗列而成的许多"高大建筑物",我们称它为基粒。各个基粒之间可通过扁囊膜的延伸部分而相互连接,从而交织成复杂的网,我们称它为基质片层。在基质、基粒和基质片层中到处充满了与光合作用有关的酶和叶绿素。

　　叶绿素分子能从太阳光里"捕捉"能量,使光能转变为电能,然后在多种酶和叶绿素分子的共同作用下,迅速将电能转变为活跃的化学能,这个活跃的化学能的拥有者就是ATP。

　　我们在前面已经谈到,ATP是三磷酸腺苷的简称。每一个ATP的分子内部都含有三个高能键,每个键断裂时能释放出700~800千卡的能量。ATP是生物体内能量流通的"货币",利用这个"硬通货",可为生物体内的一切生命活动提供能量。

　　有趣的是细胞中的叶绿体还能随着太阳光的强弱移动自己的位置。当太阳光较弱时,它们分布在朝向阳光的细胞壁一侧，并把扁平的宽面对着阳光，以接受最大的光量；当太阳光强烈时，它们就移向细胞的侧壁，并用自己窄小的侧面对着阳光，以避免强光对它的灼伤。

小小的叶绿体就是这样不断地吸收着太阳光，把自然界中的二氧化碳和水合成有机物，聚敛着世界上最大的财富，养育着地球上的人类、一切动物和绝大多数的微生物。但它制造生命能源的一整套设备却仅仅被包容在随风摇曳的薄薄的叶片中，而且能够在风云变幻的自然环境里顺利进行，这是大自然赋予地球生物界多么好的礼物啊！

● 生产蛋白质的机器——核糖体

我们知道，蛋白质既是"建造"细胞城的主要原料，又是一切生物体生命活动的体现者：心脏跳动时是心肌蛋白在收缩和舒张；血液运输时是血红蛋白把氧气运送到需要的地方，再把二氧化碳运至肺脏，从而排出体外；细胞膜上的蛋白质担负着运输和"守卫"的作用；在体内是许许多多由蛋白质组成的蛋白酶在起着催化作用；又是蛋白质在体内抵御病菌、消灭病菌，保护人体健康……如果没有了蛋白质，也就没有了生命。

那么，这些蛋白质是哪儿来的呢？换句话说，在细胞内，担负着合成蛋白质重任的是谁呢？它就是颗粒状的核糖

亚基　　　　　核蛋白体　　　　二聚体

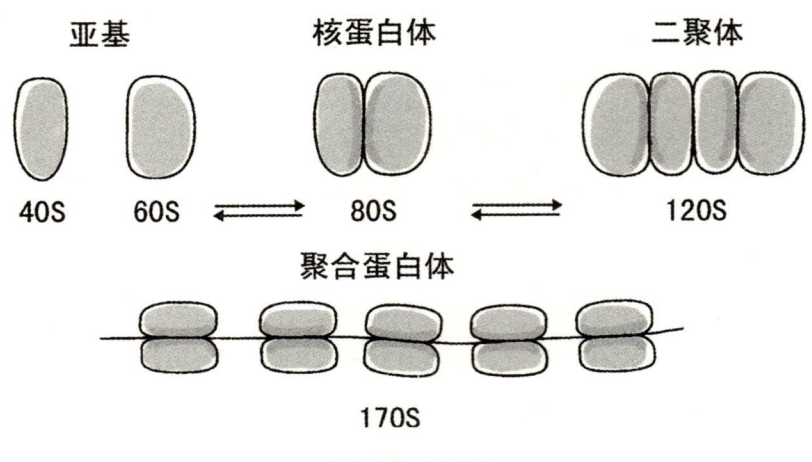

40S　60S ⇌ 80S ⇌ 120S

聚合蛋白体

170S

核糖体的亚基结构

体。核糖体因为体形微小，很容易被人忽略，直到1958年才被验明证身，命名为核糖体。

核糖体存在于所有活类型的细胞之中，"娇小的身体"使它们的直径只有0.025微米。在光学显微镜下我们看不到它们，只有在电子显微镜下才能看见它们的容貌：颗粒状的核糖体由两个略呈半球形的亚单位构成，两个亚单位一大一小，二者的化学成分都是RNA和蛋白质，但是两者所含的RNA和蛋白质的数量和种类都不尽相同，其空间构型也有差别。

真核细胞和原核细胞的核糖体之间也有一定的差异，为了更清楚地了解这些差别，人们常用离心时的沉降系数(以S作为单位)作为核糖体的简单分类标准：真核细胞的核糖体属于80S型，原核细胞的核糖体属于70S型。

核糖体的两个亚单位在平时是分离的，只有在合成蛋白质时才吻合成一个整体。在合成蛋白质的过程中，常由一种RNA细丝把几个核糖体连接在一起，这种状态的核糖体称为多聚核糖体。

核糖体在细胞中有两种存在形式：一种游离在细胞质中，一种附着在表面粗糙的内质网上或细胞核外膜的表面，特别是在快速繁殖的细胞中核糖体的数量最多。两者的"生产"有一定的分工：游离核糖体主要负责"内销"，它们生产的蛋白质主要用于建造细胞自身或使用，如酶；而附着型核糖体则经营"外销"，它们主要生产向细胞外输出的蛋白质，用于建造机体内其他的物质。叶绿体和线粒体中也存在自己独特的核糖体，能合成这种细胞器本身的特殊蛋白质。

在细胞的蛋白质"工厂"里的一条装配线上，核糖体犹如一台台的机器一样，它们沿着这条装配线向前移动，最后，每个核糖体就能制造出一个完整的产物——蛋白质。

● 多功能的网状结构——内质网

在电子显微镜下观察真核细胞，除了中央的细胞核以外，最显眼的恐怕要算那些弯曲连续的网状管道了，它们就像城市里的大马路一样，将细胞分成一片一片的街区，不同的街区执行不同的功能。这种在细胞质中纵横交错，互相沟通的网状结构叫做内质网。

内质网是直径约为0.005微米的管状膜系统。电子显微镜下，这些管道伸展很宽广，它内连细胞核的核膜，外接细胞膜，使细胞内有了一个相互沟通的内膜体系。仔细观察还会发现，内质网与一般的细胞器不同，并非一种单一的结构。有的内质网外侧附着许多颗粒状的核糖体，看起来表面很粗糙，这种内质网叫做粗面内质网；另一种内质网的上面没有核糖体附着，所以表面光滑，叫做滑面内质网。这两种内质网在许多细胞中大量存在，具有不同的功能，它们的形态也有一定的差异。有人研究测定，1毫升肝细胞中内质网膜的表面积可达11米^2。这是何等的惊人啊！

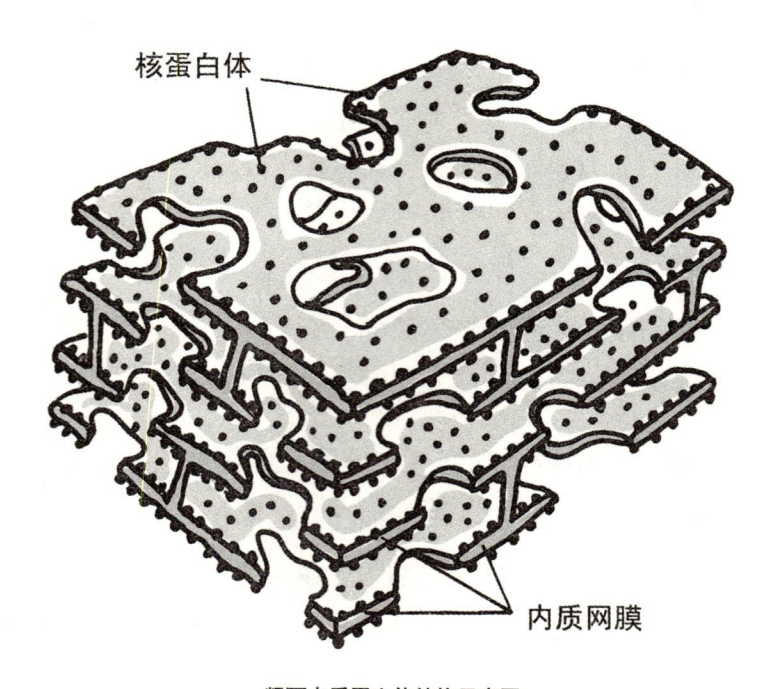

粗面内质网立体结构示意图

四 各显神通的细胞器

正是靠这么广大而又错综复杂的膜系统把细胞质分隔成不同的区域，给各种代谢活动提供了互不干扰的环境；也使内质网能充分发挥它的功能：合成蛋白质、脂类等各种物质，并把这些物质及时运输到细胞的各个角落中去。

粗面内质网最重要的作用是合成蛋白质，并把它们从这个细胞输出或在细胞内部的一个地方转运到其他部位。粗面内质网是核糖体附着的支架，我们已经知道，核糖体是蛋白质的加工厂，在这里核糖体合成的蛋白质立即进入到内质网的管腔中去，通过管腔将这些新合成的蛋白质输入到细胞的其他部位，如高尔基体，再做进一步的深加工。

滑面内质网外侧没有核糖体附着，常常是分支的小管，排列比较紧密。平常滑面内质网与高尔基体相连，担负运输蛋白质的任务；它还能为细胞合成某些脂类激素和固醇；在一些横纹肌细胞中，滑面内质网可转化成一种称为肌质网的结构，它们可将神经冲动很快地传递到细胞的各个区域，引起肌肉的收缩；此外，在某些平滑肌细胞中，它们还参与盐酸的分泌及钙离子的摄取和释放过程。总之，滑面内质网在细胞中是个名副其实的"多面手"。

除了细菌、成熟的红细胞以外，一切细胞都具有内质网。不同发育时期的细胞中，内质网的数量往往有很大的变化。处于旺盛生长的"年轻"细胞比停止生长的"老年"细胞中的内质网的数量要多。另外，细胞受伤时内质网的数量也会显著地增多，这些实例不也正说明内质网功能的多样性吗？

奇妙的细胞王国

● 细胞城内的"包装厂"——高尔基体

我们大家都知道,在工厂里生产出的所有产品,从原料加工到成品出厂,都要经过一个必要的过程:把生产出的产品进行适当的修饰、分装、打包。人们常把这样的车间称做包装车间。令人惊奇的是,在细胞城内蛋白质合成的过程中,也有一个类似的负责"包装"蛋白质的重要车间——高尔基体。

早在1898年,意大利的神经解剖学家高尔基就在猫头鹰的神经细胞中发现了高尔基体。有趣的是,自发现这种细胞器以来人们先后给它起了100多个不同的名称,最后,为了纪念这种细胞器的发现者,人们才给它正式命名为高尔基体。

在电子显微镜下,人们可以看到,高尔基体是一个直径1微米的扁平的囊状物体系,这个体系是由一层光滑的膜所组成。各种细胞中的高尔基体形态不一。一个典型的高尔基体包括三种不同的结构成分:扁平囊、大囊泡和小囊泡,其中,扁平囊是它的基本成分。

一个高尔基体一般是由4~8个扁平膜囊堆叠在一起,每个扁平囊的立方体形状很像一个扁圆形的菜盘子,盘子的边

四 各显神通的细胞器

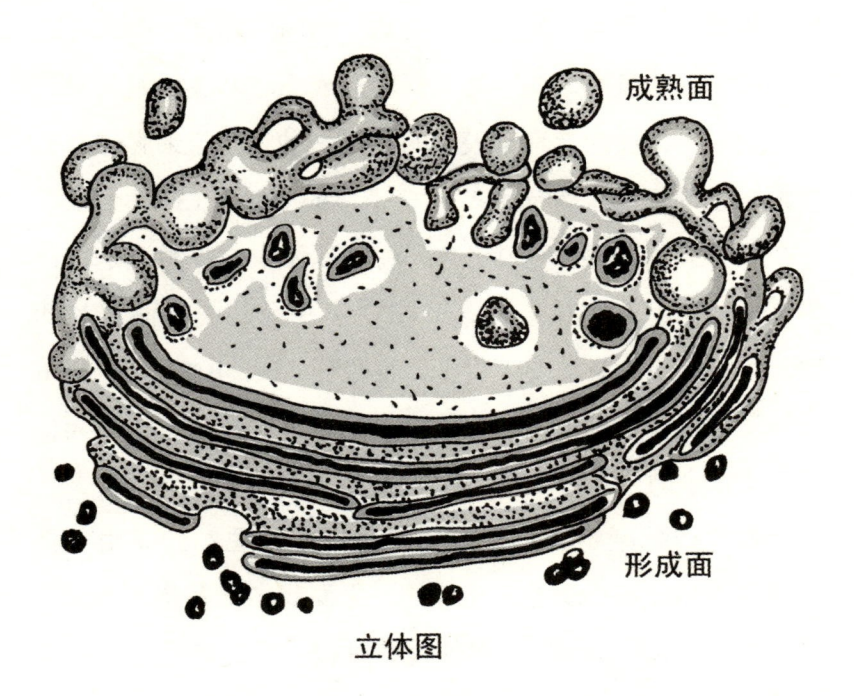

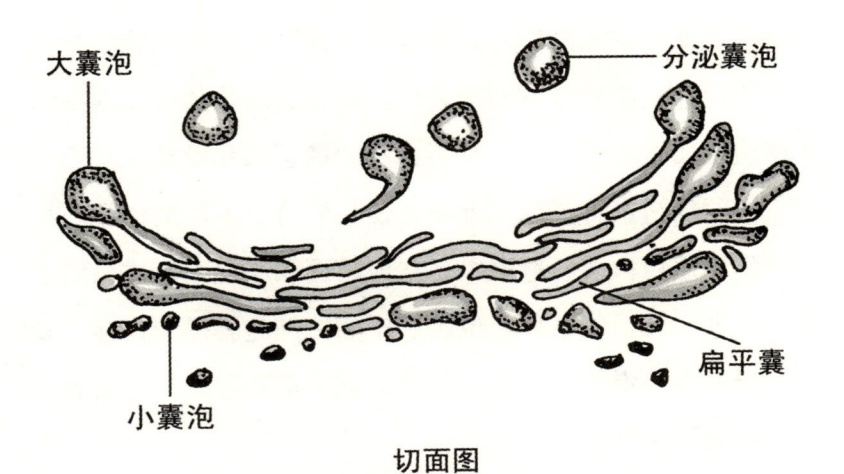

成熟面

形成面

立体图

大囊泡

分泌囊泡

扁平囊

小囊泡

切面图

高尔基体结构示意图

缘凸起膨大形成较大的腔，这凸的一面叫成熟面；中间略凹平，像盘子的盘底，这凹的一面叫形成面。形成面是与滑面内质网直接相通的。扁平膜囊的膜是一种厚度与细胞相近的薄膜，它的表面也是光滑的。扁平囊的内腔宽15~20纳米，各个扁平囊的间距20~30纳米。高尔基体中的小囊泡是直径为40~80纳米的泡状结构，分布在扁平囊的凸出面及其两端。大囊泡比小囊泡要大得多，直径可达0.1~0.5微米，分布在扁平囊的凹平面。一个细胞中高尔基体的数目变化很大，可以从几个到几万个不等。

为什么把高尔基体比作"包装车间"呢？这是由它具有的运输和分泌的功能来体现的。下面我们就来具体地看一看糖蛋白质(蛋白质的一种)的包装过程：首先糖蛋白质的合成是在粗面内质网表面附着的核糖体上进行的，新合成的糖蛋白质随即转移到内质网的管腔中，经过内质网的管腔将糖蛋白质运送到高尔基体的形成面。这时高尔基体可以根据这些糖蛋白质的不同去向，利用自身的糖苷酶和糖基转移酶对糖蛋白的糖链进行修剪和补充，使它们带上不同的标记。加工好的糖蛋白再次经过浓缩，从成熟面以小泡的形式分泌出来，就奔向各自的工作岗位了。比如，细胞膜需要修补，就会有蛋白质小泡前往报到；某个细胞器需要建造，也会有成批的小泡迅速前往。

高尔基体不仅能包装和运输蛋白质，它也能合成糖类。因此，在植物细胞中，高尔基体还与细胞壁的形成有关。

随着细胞从生长到衰老的一生变化，细胞中的高尔基体的数量也经历了一个由多到少的变化过程，因此，高尔基体的起源问题引起了人们的注意。有人认为：高尔基体来源于核膜或内质网，在早期阶段高尔基体是同心圆状的片层，然后，同心圆逐渐打开而形成了盘状的高尔基体片层。当然，这只是一种观点，随着生命科学研究的不断深入，细胞城里的种种谜团也终究会解开。

● "消化器"和"清除机"——溶酶体

在我们生活的城市里，少不了清洁工。我们在大街小巷总能看见他们清扫马路、铲除垃圾的忙碌身影，他们日复一日地不嫌脏、不怕累，用自己的辛劳和汗水换来城市的整洁，换得了市民的健康生活，人们也因此尊敬地称清洁工为"城市美容师"。

在细胞这个微小的生命之城里，也有一个保证"城"内清洁的默默无闻的小器官——溶酶体。

溶酶体是一个由单层膜包围起来的泡状结构，直径只有0.25~0.8微米。在这个小囊泡里含有多种水解酶，能消化、溶解进入细胞的细菌、异物及衰老死亡的细胞器。消化后，可溶性的小分子物质被细胞再次利用，未被消化的物质被排出细胞外。这种吞噬作用对保护细胞起到了很大作用。

人体内还有些细胞，它们内含大量的溶酶体，这些就是专管吞噬活动的巨噬细胞、中性粒细胞。这些细胞可以用自身所含的溶菌酶消化分解外来的细菌、衰老死亡的细胞、坏死的组织等。所以人们称溶酶体为细胞的"消化器"。

实际上，被溶酶体吞噬消化的物质不仅有细胞外的，也有细胞内自身产生的垃圾。细胞内的结构如内质网、线粒体、高尔基体等都可能衰老，也可能病变，溶酶体会将它们消化成小分子物质，成为细胞代谢活动的原材料。因此，溶酶体又被称为细胞内的"清除机"。

植物细胞中也有与动物细胞溶酶体相似的细胞器——圆球体、糊粉粒和液泡。圆球体和糊粉粒分别是分解脂肪和蛋白的小体，它们在种子萌发时起重要作用。中央大液泡是成熟的植物细胞特有的结构，占据整个细胞体积的90%，其中

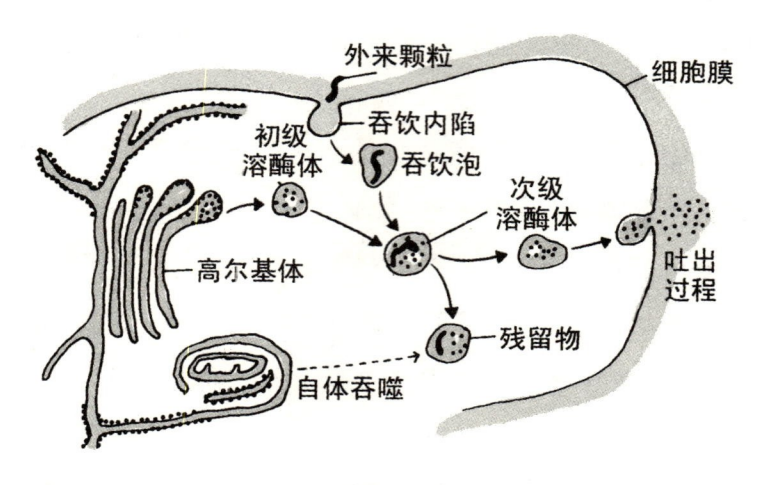

溶酶体在"工作"

含有的液体叫细胞液。细胞液中含有大量的水解酶、水、有机酸、生物碱、无机小离子等小分子，对细胞的内环境起调节作用，同时维持着细胞的膨胀状态。

平时，溶酶体外膜容易受到一些因素的影响，造成溶酶体破裂，影响其功能。如长期在粉尘很多的环境中工作的人，尤其是在矿山、水泥厂等环境中吸入大量的粉尘，这些粉尘虽然会被肺中的巨噬细胞所吞噬，但粉尘当中的硅元素不但不能被巨噬细胞中的溶酶体消化，反而会破坏溶酶体膜，使溶酶体的消化酶泄漏到细胞质中，引起细胞的自溶。这样溶酶体内的粉尘颗粒也跟着漏出，再次被正常健康的巨噬细胞吞噬，这样恶性循环下去，最终破坏肺的结构，造成肺功能的损害，这就是至今医学上还无法攻克的"矽肺"。

生活中，你很熟悉小蝌蚪变青蛙的过程。实际上，蝌蚪的尾巴就是被自己"吃"掉的。生长到一定时期的蝌蚪，尾部的细胞在溶酶体的作用下，细胞发生自溶，从而引起蝌蚪尾部的逐渐消失。

小小的溶酶体在细胞中的寿命虽然只有1~2天，但它始终战斗在第一线。它行使完自己的使命后就自动地消失，默默无闻地走完自己的一生，这时再由细胞中的内质网和高尔基体生产和加工新的溶酶体，组成细胞城内新的"清除机"和"消化器"。

● 细胞的"骨骼和肌肉"——微管和微丝

建造一座精美的大厦需要有坚实的钢筋做支撑，才能展现它的宏伟；人和脊椎动物有了脊梁做支撑，才能展现身姿的健美；组成生物体的细胞同样需要它特有的"骨骼和肌肉"作支架，才能构建这座精美绝伦的"生命之城"。

细胞也有"骨骼和肌肉"？难道这不是危言耸听吗？但是，你知道，自然界中的动物、植物、微生物等的形态多种多样，组成它们的基本单位——细胞的形态当然也是千姿百态。显然，千姿百态细胞形态的维持离不开"骨骼"。生命是运动的，组成生命体的细胞由于生命活动的需要也是处于不断的运动之中，换言之，细胞运动对于所有生物的存活都是必需的。例如，动物和人类的精子若没有了能运动的鞭毛构成的尾巴，精子就不能游动，也就不可能与卵细胞相遇而完成受精作用；若没有细胞的运动和细胞形状的改变，胚胎就不能形成；没有细胞的运动，勇敢的白细胞怎么能"奔赴"战场同侵入机体的病菌作战呢？生命需要细胞的运动，细胞运动当然需要"肌肉"了。所以说，细胞能保持一定的形态，完成细胞的运动和各种生理活动都需要借助于"细胞骨架系统"作支撑。

那么，在细胞中什么是"细胞骨架系统"呢？20世纪70年代以来，科学家们通过研究已经证明：细胞骨架是存在于一切真核细胞之中作为机械支撑的极其复杂的网络系统，是细胞城中的另一类细胞器。

就目前所知，细胞骨架系统包括微管、微丝和中间纤维三种纤维结构，它们把细胞城内的各个成分网络起来，使细胞城从内到外更加有序而完整，维持着细胞的形态，进行着各种运动。

微管是细胞质中细长而具有一定硬度和弹性的蛋白质管状结构，管腔直径约为25纳米，长数微米。不同细胞中其微管的形状和结构基本是相同的，管壁都是由13条直径为5纳米的原丝纵向平行排布而成，管壁厚5~6纳米。这些微管大多分布于细胞质中，对细胞起着支撑作用，并能维持细胞的形状，所以人们称它们为细胞的"骨骼"。这些纵横交错的微管在必要时还可以作为细胞城内某些大分子(如蛋白质)在

精巧的细胞骨架

细胞质内的"运行轨道"，起重要的运输作用。

微丝是一种实心结构，其直径只有微管的1/5左右，它在细胞城内或分散分布，或交织成网。由于组成微丝的球蛋白分子大都类似于肌肉中的肌动蛋白、肌球蛋白，也有像肌肉一样的收缩功能，所以人们称它们为细胞的"肌肉"。微丝在细胞中对细胞的移动、细胞质的川流运动以至细胞器的运动都起着控制作用。

中间微丝因其直径介于微管和微丝之间而得名，也是一种蛋白质细丝，它通常连在微管和微丝之间形成网络，所以它对维持细胞的外形和固定细胞器及细胞核的位置有重要作用。

微管、微丝和中间微丝它们三者构成了细胞的骨架，它们在细胞中虽然自成体系，但也是相互联系的。在功能上，它们各有侧重但又互相配合，三者精诚团结，携手完成细胞的形态、运动以及细胞分裂等一系列的生命活动。

● "个儿小力大"的中心体

细胞中的微管除了有骨骼的支撑作用外，还能聚集成某些特化的细胞器，如纤毛、中心体、纺锤丝等。现在我们就来看看在细胞分裂中占举足轻重地位的小小中心体。

科学研究发现，所有的动物细胞和某些低等的植物细胞

四 各显神通的细胞器

中具有中心体。

在光学显微镜下观察，中心体是一圆球形小体，位于靠近细胞核的细胞质中。在电子显微镜下，人们可以清楚地看到中心体是由一对互相垂直的中心粒和它周围致密的细胞质组成的。

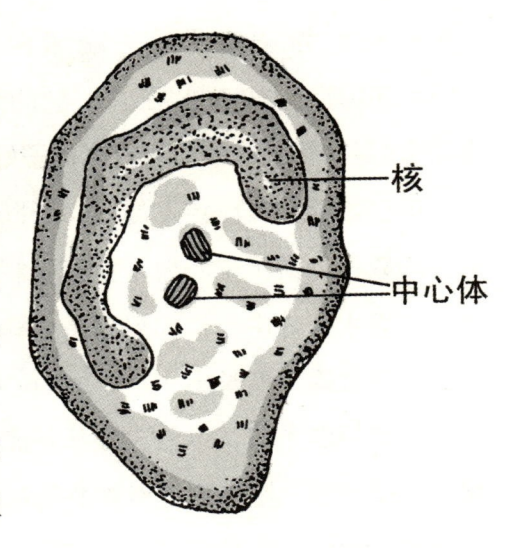

多核白细胞中的中心体

中心粒结构示意图

中心粒为一端开放一端闭合的圆筒状结构，直径0.1~0.25微米，长0.3~0.7微米。它的筒壁由9组微管组成。每组中有3根微管。从横切面看，样子好像一个齿轮。

中心粒能够自己定期复制，所以细胞分裂以后仍能保持原有的数目。关于中心粒是如何复制自己的，人们目前观点不一。有人认为中心粒的复制是这样的：从每一个中心粒的一端以垂直的角度长出一个小的中心粒，称为原中心粒。当原中心粒与原来的"母粒"分开并成熟时，一个中心粒就变成二个中心粒，原来的一对中心粒现在就变成四个中心粒。每一个"母粒"都和它芽生的"子粒"垂直排列而组成一个新的中心体。经过复制，一个中心体就变成了二个中心体了。

一般说来，中心体与纺锤体的形成有密切关系，所以，它在细胞分裂中起重要作用。其过程是这样的：在有丝分裂时，管蛋白在中心粒附近聚合，成为微管。这种微管不断伸长，成为辐射状分布的丝状物。当两个中心体移向细胞两极时，其间的许多(1000~3000条)微管连接起来，形成纺锤状的结构，称为纺锤体。组成纺锤体的这种丝状微管就称为纺锤丝。

纺锤丝可分为三种类型：从这一极中心粒连接到另一极中心粒的纺锤丝称连续纺锤丝；只从中心粒连接到染色体着丝点上的纺锤丝称染色体牵引丝；还有一种中间丝，既不附着到着丝点上，也不从这一极连接到另一极，它们位于子染

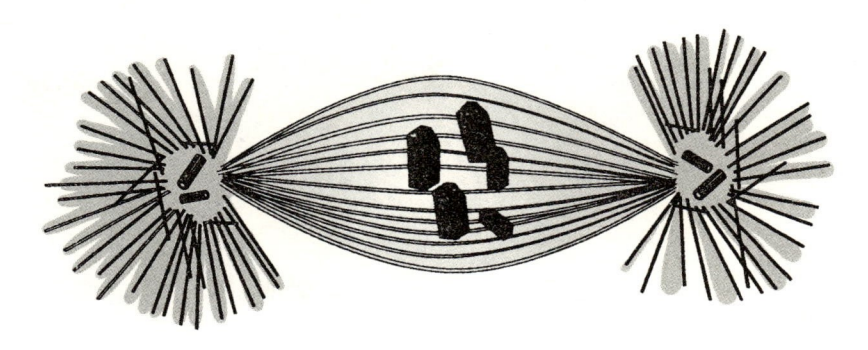

中心体和纺锤丝的超显微结构

色体之间。

　　组成纺锤丝的微管可以不断地解聚成管蛋白分子，管蛋白分子也可以不断地聚合成新的微管。通过解聚作用，使染色体牵引丝不断缩短，这种拉力引起染色体着丝点分裂，使染色单体一分为二，成为两个独立的染色体，并进而使两条染色体各自移向细胞的两极；微管蛋白的聚合作用，能使连续纺锤丝和中间丝不断加长，由此产生的推力可以促使两组染色体彻底分开，并最终移到细胞的两极。

五、运筹帷幄的细胞核

● 细胞城中的"政府首脑"——细胞核

虽然细胞城内的生命活动千头万绪,却能有条不紊地进行着,这都要归功于城中的"政府首脑"——细胞核的运筹帷幄、指挥若定。

细胞核的形状常常是与细胞城的形状相吻合。一般在球形、柱形的细胞中,核呈圆形或椭圆形;在细长的细胞中,核呈杆状。但细胞核也有很多变形,例如,在人和动物体的白细胞中,核呈分叶状;在蛾、蝶类的丝腺细胞中的核为分枝状;在胚乳细胞中有的呈网状;在植物叶子表皮的保卫细胞,它的核中部细窄,两端球状,呈哑铃状。

在不同的细胞中,不仅细胞核的形状不同,细胞核的大小也不同。最小的细胞核直径不到1微米;低等植物的核较小,一般直径为1~4微米;高等植物的核则在5~20微米;

最大的细胞核要数苏铁科某种植物的卵细胞，其直径可达500~600微米。细胞核的大小还与细胞质的体积相关。如果细胞质的体积增加，细胞核的体积也相应增加。细胞核与细胞质的体积比大约是1∶3或1∶4。

细胞核的数目通常是一个细胞中含有一个核。但也有多个核或没有核的情况，如动物的肝细胞中可含有10个或10个以上的核，在人和哺乳动物成熟的红细胞中则没有细胞核。

核在细胞中的位置，随着细胞的年龄不同而异。在正在生长的细胞中，核位于细胞中央；在成熟的植物细胞中，中央为液泡所占有，细胞核被挤而移向外围，靠近细胞壁。

俯瞰细胞中的首脑重地——细胞核，能看见它从外向内依次分为三个部分：核膜、核液和核仁。核膜是包围在细胞核外戒备森严的界膜。它由双层膜组成，每层膜的厚度为4~9纳米。两层膜之间有腔隙，称核间隙，宽10~30纳米。

通过核膜把细胞核的主要物质都包围在一起，形成一个内部安全、安静的环境，以便使"首脑"们能够集中精力，高效率地工作，更准确地发布各种指令。外层核膜上附着有核糖体，所以核膜在形态上和粗面内质网相似。外核膜有时向细胞质的方向突出，以至于和内质网连接在一起，形成细胞城内互为沟通的内膜系统。

在电子显微镜下可看到核膜上有很多小孔，小孔的总面积可达到核面积的5%~25%。在核机能旺盛的细胞，核孔较多。核孔的超微结构相当复杂，至今对其机理还不很清楚。

奇妙的细胞王国

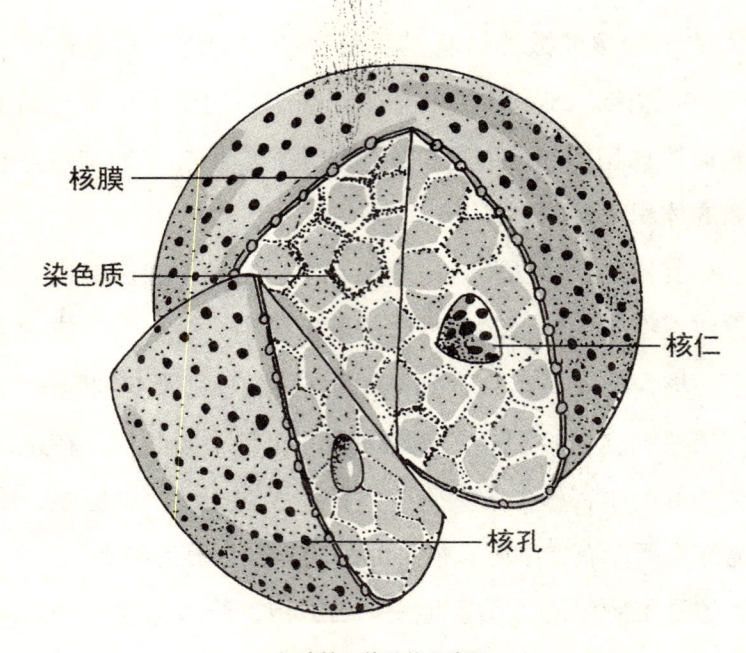

核膜
染色质
核仁
核孔

细胞核立体结构示意图

但研究可以证明的是，每个核孔周围有八对排列规则的球状颗粒，孔的中央还有一颗中央颗粒和一些不定形的基质。核孔是细胞核与细胞质之间进行物质交换的孔道，它对物质交换有选择性并且具有控制作用。

穿过核膜，就进入到充满黏稠性液体的环境当中，这被称做核基质，又称核液。它的主要成分是水、蛋白质、酶、无机盐和少量RNA。核仁和染色质就悬浮在核液之中。

核仁是细胞核中着色很深的圆球形小体，其中含有丰富的RNA和蛋白质、以及少量的DNA。核仁的超微结构相当复杂。在电子显微镜下，核仁的周围没有核膜，中央是密集着大量染色质(DNA)细丝的特殊区域,周围是许多颗粒状物质。

核仁的主要功能是制造核糖体。这个制造过程很复杂,即根据核仁中央的DNA所携带的遗传信息,合成组成核糖体的一种物质——核糖体RNA,同时合成核糖体蛋白质。两者合二为一就形成了核糖体的"前身"。这种"前身"再经过一次分裂,形成两种颗粒,它们一先一后地钻过核孔,来到细胞质中,最后再变形一次,分别变成核糖体的小亚基和大亚基。这样,生产蛋白质的机器——核糖体就生产出来了。

因为核仁是制造核糖体的机器,同时,核糖体又是制造蛋白质的机器,所以有人曾风趣地把核仁叫做生产蛋白质机器的工作母机。

细胞核的功能与其结构是一致的,核膜、核液、染色质、核仁都在完成着各自的功能。它们共同协调一致,完成着遗传信息贮存、复制和表达等重要任务,准确无误地发布着各种指令。当然,细胞是一个统一的整体,细胞核发布的指令,还要靠细胞质及各种细胞器的密切配合,才能得到落实。所以说细胞膜、细胞器、细胞核它们相辅相成,紧密合作,共同支撑着细胞这座生命大厦。

● 运载遗传物质之舟——染色体

一般情况下，染色体总是深藏在细胞核里，隐而不现，即使在电子显微镜下，也难以看到它的影子。只有细胞分裂过程中的某个阶段，使用碱性染料对细胞进行染色时，才能现出染色体的"真面目"，我们在电子显微镜下可以看到染色体原来是一些易被碱性染料着色的丝状或棒状小体，染色体的名字也由此而来。

每种染色体都有自己固定的形态和大小。在细胞分裂的中期，染色体的形态最清楚。在中期，每条染色体呈现"X"形，这是我们在普通光学显微镜下通常能看到的染色体形状。这种"X"形的染色体是由四条染色单体在中部相连结而形成的"四臂结构"，每只臂就是"X"形上的一个分叉，分叉的连结点叫着丝点。

由于连结点的位置不一样，使得四条臂的长短不一致，人们根据臂的长短及着丝点位置的不同，将染色体分成三类：着丝点靠近染色体一端的叫近端着丝点染色体；着丝点接近染色体中部的叫近中着丝点染色体；着丝点位于染色体中部的叫做中部着丝点染色体。

染色体会随细胞分裂所处时期的不同而呈现出不同形

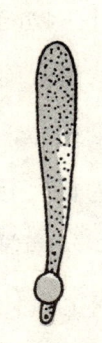

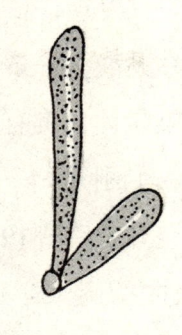

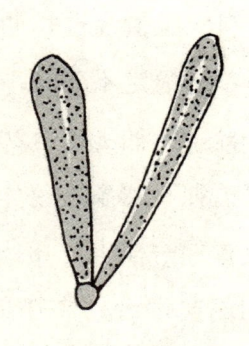

近端着丝点　　近中着丝点　　中部着丝点

三种不同形态的染色体

态。当细胞分裂停止时，染色体在细胞核内会彻底放松成极细的丝状，隐藏在细胞核内，这时人们称它为染色质。当细胞分裂开始时，松散的染色质会紧急结合凝聚成成形的染色体。

无论遗传物质表现出是染色体还是染色质，它的主要成分都是由蛋白质构成支架，与长链状的DNA分子结合所形成的复合物。这两种成分在染色质中的排列方式，即染色质的精细结构是近年才被人们逐渐了解的。目前染色体流行的是串珠模型：由8个组蛋白分子互相挤在一起形成一个小珠，DNA链以140个碱基对的长度在小珠的外面缠绕。一条DNA长链可以缠绕许多个蛋白质小珠，使之成为一串，就好像用丝线把珍珠穿成一条项链一样。每一条染色单体的骨架就是一条这样的DNA蛋白质纤丝。这种纤丝经反复螺旋化和折叠以后就形成染色体。

科学家们经过长期的研究发现，任何一种生物的染色体数目都是恒定不变的，多一条或少一条染色体都会给生物体带来异常。如玉米有20条染色体，狗有78条染色体，大猩猩和黑猩猩有48条染色体。人们刚开始一直认为自己与黑猩猩和大猩猩一样也是48条染色体，直到1956年，华裔学者庄有兴和瑞典学者列文在瑞典的德隆大学正式确定人体细胞内的染色体数为46条后，人类染色体研究才得到了更迅猛的发展。

● 美妙、和谐的DNA双螺旋

俗话说："龙生龙，凤生凤，老鼠生儿会打洞。"这是生物界的普遍现象，"亲子相似"，儿女多数像爹妈，我们把这种现象叫做遗传。那么，究竟是什么东西在幕后操纵着遗传性状呢？答案是细胞核里的遗传物质——脱氧核糖核酸。脱氧核糖核酸的英文简称是DNA。生物的遗传命运就掌握在DNA手里。

今天我们已经知道，DNA的结构是两条长链相互平行盘绕，像一根扭曲的麻花，人们称它为双螺旋结构模型。正是这根"麻花"，成了当代生物学革命的标志，揭开了生命遗传之谜。

提出DNA模型的两位科学家——美国的沃森和英国的

克里克，也因此获得了诺贝尔奖。今天，我们在认识DNA的同时，也能在这个美妙、和谐的螺旋状长串的字里行间读出科学家们对科学的探索精神。

1916年6月8日，克里克出生在英国北安普敦。1937年，他中学毕业，进入伦敦大学攻读物理学和数学，不久，转到剑桥大学继续学业，在该校获得学士学位。1947年，他来到剑桥大学斯特兰奇韦斯实验室，开始从事生物学研究。经过几年的刻苦攻读，他由生物学研究的门外汉转变成了行家里手。

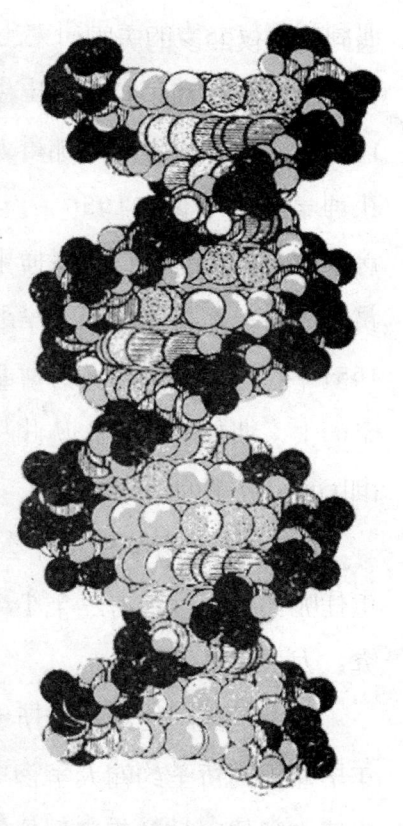

"麻花"状的DNA分子

一踏进生物学研究的大门，克里克就接触到了有关蛋白质的课题，从此他与生物高分子的"螺旋"结构结下了不解之缘。1949年，他进入斯特兰奇韦斯实验室医学研究委员会，在著名分子生物学家佩鲁茨的指导下，分析蛋白质各种螺旋的X射线衍射。他经过一番思考，提出了X射线衍射的一般理论。这种理论对于指导大分子内部结构的研究具有重要的意义。同年，克里克转到卡文迪什实验室，在这里，他遇到了年仅23岁的美国研究生沃森。

沃森于1928年4月6日出生在美国伊利诺斯州的芝加哥。1943年，他15岁进入芝加哥大学攻读动物学，1947年毕业，获理学学士学位。1950年，他在印第安纳大学以一篇有关病毒研究的论文获得哲学博士学位。接着他以全国研究会会员的身份，在哥本哈根大学继续从事病毒研究。一年后，即1951年，他受全国小儿麻痹基金会的委托，来到英国剑桥大学的卡文迪什实验室，从此与克里克开始研究脱氧核糖核酸(即DNA)分子的结构。

DNA分子的结构是什么样的？为什么它能担当遗传的重任呢？在当时，有三个小组在争分夺秒地从事这方面的研究，力求捷足先登。

一个是英国的威尔金斯率领的研究小组。威尔金斯1938年毕业于剑桥圣约翰大学物理学系，1940年在伯明翰大学获得博士学位。1946年来到伦敦大学皇家学院生物研究所从事生物学研究。他的研究小组所选择的研究对象是细胞中的脱氧核糖核酸。在制备出DNA的胶状样品之后，他在显微镜下检查时，看到了十分均匀的纤维；再用玻璃棒搅动样品时，只见一条细得几乎看不见的细丝有如蛛丝般被拉长。

这意味着DNA分子很可能是细长状的。1951年，他在女生物物理学家弗兰克林的帮助下，用X射线衍射分析DNA的胶状样品，得到一张十分清晰的DNA的射线衍射照片。据此，他描述道："衍射图中有清晰条纹，表明DNA分子排列是有规律的，其结构可能呈螺旋形。"

第二个研究DNA的是美国化学家鲍林领导的研究小组。他们先用X射线衍射蛋白质分子，然后认真观察拍摄的照片和获得的数据，并于1951年夏天宣布：纤维蛋白质分子，例如结缔组织中的胶原蛋白质是呈螺旋状的。这些成果促使他们进一步设想，DNA分子是否也具有类似的结构呢？

然而，最终揭开DNA分子结构之谜的是第三个研究小组。这个小组的主要成员就是英国生物物理学家克里克和美国的生物学家沃森。

克里克和沃森白天共同探讨，晚上各自苦思冥想，他们力争在这场科研竞赛中夺得桂冠。1952年7月，克里克和沃森从美籍奥地利学者查尔加夫那里得到了有关DNA中腺嘌呤(A)、鸟嘌呤(G)、胸腺嘧啶(T)、胞嘧啶(C)等四种碱基含量的数据。查尔加夫的论文显示出两组重要的数据：一是在DNA中，嘌呤总数和嘧啶总数相等；二是腺嘌呤的数目与胸腺嘧啶的数目相等；鸟嘌呤的数目与胞嘧啶的数目相等。克里克据此提出，在DNA分子中，碱基是配对的，具有的对应关系是：腺嘌呤(A)对胸腺嘧啶(T)，鸟嘌呤(G)对胞嘧啶(C)。这一思想很快得到了沃森的赞同。英国学者威尔金斯根据获得的DNA的X衍射照片，猜想DNA分子大概是螺旋形的。克里克和沃森觉得这个猜想很有道理，于是便做成了一个个螺旋状的DNA模型，再与得到的实验数据相印证，但总有与事实不符、无法解释的地方。在经历了接近两年的探索之后，

奇妙的细胞王国

1953年2月的一天,沃森灵机一动说:"一股螺旋不行,三股螺旋也不对,莫非是两股螺旋?"一名话提醒了克里克,他说:"何不试试呢?"两人赶紧拿来笔和纸,画出一幅草图,卡文迪什实验室的车间里的工人加班加点,不久就制成了一个双螺旋模型。

这个DNA分子模型,是由两条长链盘旋而成的规则的双螺旋结构,宛若一个盘旋而上的云梯。每条长链由脱氧核糖和磷酸交互排列而成,好似梯子外侧的竖杆;两条长链之间有横档,每个横档由一对含氮碱基组成,每对碱基都是相互对应的。碱基之间都遵循着严格的配对原则:一条长链上如果有一个腺嘌呤(A),另一条长链的对应位置上必定有一个胸腺嘧啶(T);一条长链上如果有一个鸟嘌呤(G),另一条长链的对应位置上必定有一个胞嘧啶(C)。简单

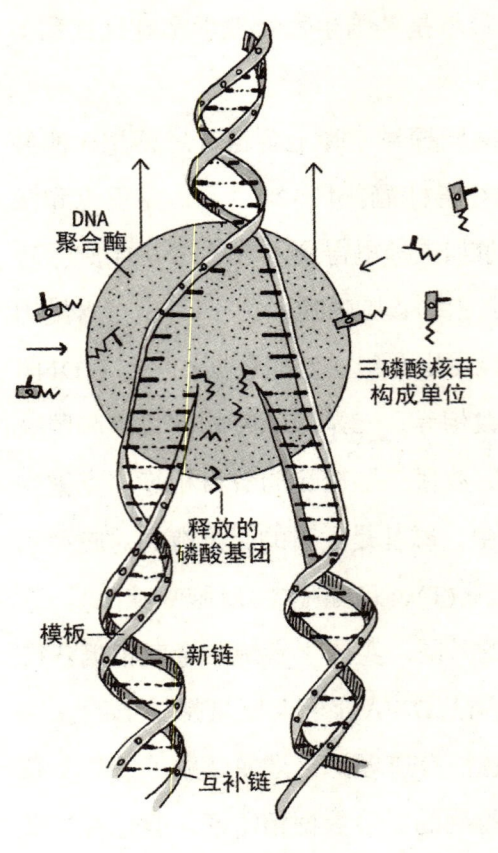

DNA复制模式图

地说就是，碱基A一定与碱基T配对；碱基G一定与碱基C配对。相互对应的两个碱基是通过氢键连接在一起的。

克里克和沃森建立的DNA双螺旋结构模型，虽然只有4种含氮碱基，但每条长链中的碱基的排列次序不同，这样就构成了DNA分子的多样性。例如，一个DNA分子中的一条长链含有100个4种不同的碱基时，它们的可能排列方式就多达4^{100}种，这是一个天文数字，它很好地解释了生物界物种的形形色色、绚丽多彩。另外，DNA在复制时，氢键断裂，DNA双螺旋从中分开，变成了两条脱氧核苷酸的单链。每条单链都能作母链并会依照碱基互补配对原则进行组合，各自产生一条对应的子链，子链与相应的母链结合，便形成一个新的DNA分子。从而保证了父辈的生命密码像拷贝一样准确无误地遗传给子孙。

克里克与沃森建立了这个和谐、美妙的DNA双螺旋模型后，写成了一篇足以与达尔文的《物种起源》相媲美的论文，阐明了DNA分子的双螺旋结构，并发表在1953年4月出版的英国《自然》杂志上，引起全世界的巨大轰动。他们二人也因此而分享了1962年的诺贝尔生理学及医学奖。

DNA双螺旋模型的建立，是20世纪自然科学领域中最重大的发现，是生物学史上划时代的事件。它开创了分子生物学的新时代，从而使人们逐步了解到，小到细菌、病毒，大到各种动、植物乃至人类，一切生命的遗传物质都是

DNA(极个别的病毒除外)。

● 透视基因

DNA双螺旋结构的发现，被认为是20世纪自然科学中最激动人心的突破，使生物学研究从细胞水平跨进了分子水平。DNA的发现，使我们认识到造物主建造的各种形式的生命大厦，所使用的都是DNA"砖头"，只是碱基A、T、G、C排列的次序不同罢了。

正是由于碱基排列顺序的不同，使得同种类的生物也是一个千姿百态的世界。因为在每一条曲折的DNA长链中，包含着许许多多个不同的功能片段，科学家们把这样的每一个片段叫做一个基因。2000年人类基因草图的公布显示，我们人类共有10万个基因，而这10万个基因全部容纳在小小细胞城中的染色体上。

病毒一般只有几个基因；细菌有上千个基因；哺乳动物包括人有5~10万个基因，包含大约30亿对脱氧核苷酸分子。

每一个基因都决定着一种蛋白质的合成，每种蛋白质都有一种甚至几种生物功能。但是这么多基因，不是同时表达、同时产生全部的蛋白质，而是每一种基因的表达，都受到严格的时间、空间和数量上的控制。

比如我们说某个基因决定着手的发育，它应该在胚胎发育的特定时间、特定位置上开始合成特定数量的蛋白质。那么合成出来的这一定数量的蛋白质，就会使这个胚胎发育出一双手。如果这个基因在时间、位置或者数量上的表达发生偏差，那么整个手的发育就会出现异常。

一个基因控制着生物的一个遗传性状。例如这个基因片段控制的是眼睛，那个是嘴。一个基因通常又由两部分构成：即结构基因和调控基因。结构基因负责合成蛋白质，调控基因负责指挥蛋白质发挥功能。基因的各种协调合作，才有生命各种性状的变化。

正是科学的眼睛看见了DNA双螺旋的结构，才打开了生命遗传的神秘大门，让我们看到生物的基因其实都在使用相同的语言，如果改变DNA的碱基排列，生物的遗传性状就会发生变化。于是科学家们就不再满足于探索、揭示生物遗传的秘密，而是跃跃欲试，他们想去干预生物的遗传特性，甚至想创造新的物种。这就是一门新兴的分子生物学基因工程了。

奇妙的细胞王国

六、生命活动的守护神

● 生命活动的"动力源"——光合作用

像现代城市离不开各种能源一样,能源也是细胞城里一切生命活动的命脉。

由细胞构成的绚丽多姿的生物世界是地球上具有复杂内部联系的庞大生命系统,而"启动"这一系统的动力就来源于太阳光的光能。生物世界吸收和利用太阳光能是通过绿色植物、藻类和某些细菌的光合作用得以实现的。

绿色植物利用太阳能把二氧化碳和水制成营养物质,维持自己的生命;动物又以植物为食物,发育成长;人类不仅以动、植物为食,还可利用由古代植物和小生物变成的煤和石油作为能源,发展社会经济,改善生活。因此说,太阳光能是地球上一切生物赖以生存的总能源,没有阳光就没有了

六 生命活动的守护神

植物进行光合作用

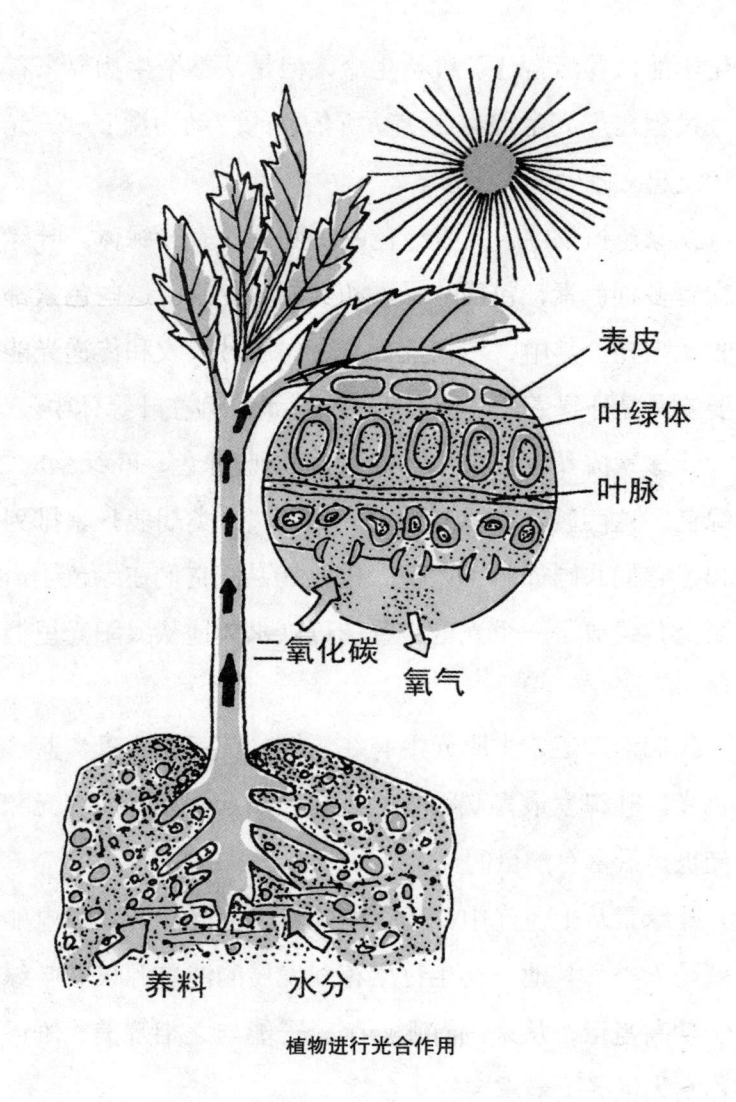

　　生命。那么，在光合作用过程中，太阳光能是怎样被生物所捕获并转变成可利用的生物能的呢？

　　光合作用是生物界摄取太阳光能的唯一过程。有些微生物，如硫细菌、铁细菌等虽然能够利用个别氧化反应所放出的化学能来养活自己、维持生命，但是从整个生物界来看，这一过程与广大生物生命活动所依靠的"动力源"——光合作用比起来就微乎其微了。

在绿色植物中，凡是绿色的细胞都含有叶绿体。叶绿体中含有多种色素，包括叶绿素和类胡萝卜素。这些色素都能吸收太阳光。其中，植物进行光合作用时吸收和传递光能的主要工具是叶绿素。叶绿素分子有序地排列在叶绿体中。

叶绿素成员有两个：叶绿素a，呈蓝绿色；叶绿素b，呈黄绿色。这两种叶绿素与它们的兄弟——类胡萝卜素排列在一起，它们共同征服了太阳。也就是说，它们在绿色生命的大厦上，建成了一个光电装置，可以永久地从太阳光里摄取能量。

我们都知道，太阳光中有红、橙、黄、绿、青、蓝、紫七色光。叶绿素最喜欢吸收的是红光和蓝紫光，而红光和蓝紫光也是最富有能量的光。

叶绿素从七色光中"巧"取能量，使光能转变成电能，这就是人类和其他一切生物生存和发展的能量源泉。叶绿素分子功高盖世，从来没有哪一个分子能与之相媲美，难怪人们称它为世界上最重要的化合物。

光合作用工厂主要有两大"车间"：第一"车间"的主要任务是叶绿素吸收太阳能，利用光能把水分子分解并合成满载太阳能的物质。因为这一步需要阳光参与，因此称为光反应。光反应又可分为光反应1和光反应2两套光反应系统，每一套都有自己的"作用中心"和传递电子载体。两套光反应系统通过电子载体彼此衔接；第二"车间"的主要任务是利用第一"车间"合成的富含能量的物质，把无机物——二氧化碳转变成有机物——糖。这一"车间"的工作不需要阳光参与，称为暗反应。光合作用的过程相当复杂，有些细节至今人们还是"雾里看花"，不很清楚其真正的原因。

现在科学家们已大体上了解了光能转变为生物能的过程：首先，浓绿的叶片是由叶肉细胞组成，叶肉细胞中含有许许多多神奇的可转换能量的"小精灵"——叶绿体。在前面我们已经知道，每个叶绿体中含有很多的类囊体，叶绿素分子就有序地排列在类囊体的膜上。当阳光照射到叶片上面的时候，叶绿素立即活跃起来，它既充当光能"捕捉器"，又充当光能的"转换器"。

你看，数目众多的"天然色素"分子，包括大部分叶绿素a、全部叶绿素b、胡萝卜素和叶黄素，就像收音机中收集无线电波的天线一样，拼命地收集光能。然后又以最快的速度将这些光能传送到"作用中心"。

"作用中心"是一种由少数特殊状态的叶绿素a分子和蛋白质等组成的复合体，当"作用中心"接受了大量高能的中心色素分子——叶绿素a后，自身就充满了能量，"性情"变得极不稳定。此时的"作用中心"分子就像坐在跷跷板上的居于高处一端的小孩一样，随时要将自己贮藏的能量以高能电子的形式发射出去，这样中心色素的分子才能恢复平衡与平静。当"作用中心"射出高能电子后,射出的电子沿类囊体膜中的电子载体进行"下坡"式的传递。电子在"下坡"传递过程中不断放出能量,这些能量又不断被二磷酸腺苷(ADP)捕获并结合磷酸分子以高能键的形式暂时"收藏",这样就产生了一种高能量的化合物——三磷酸腺苷(ATP)。

释放完能量的电子最后被一种叫氧化型辅酶Ⅱ的化合物所接受。说来有趣,接受了电子的氧化型辅酶Ⅱ摇身一变就成了具有强还原性的还原型辅酶Ⅱ,还原型辅酶Ⅱ将继续在光合作用的暗反应中"效力"。

至此,收集来的光能经过第一"车间"的加工后发生了如下的变化:光能—电能—活跃的化学能,这些能量的携带者分别是:光子→电子→ATP。

与此同时,表现在物质上的变化是通过植物的输导组织输送到叶细胞中的水分子被分解成氢、氧原子和电子,其中的氧以氧分子的形式释放到大气中去。

第二"车间"完成的是暗反应,暗反应是利用第一"车间"的光反应中所合成的ATP和还原型辅酶Ⅱ,把从叶片上的气孔进入细胞内的二氧化碳"变成"含有稳定能量的葡萄糖的过程。这是一个复杂的变化过程:首先是将二氧化碳转变成类似糖的具有三个碳原子的化合物,三个碳原子的化合物再经过一系列步骤还原成含有六个碳原子的葡萄糖,到这时,ATP中活跃的化学能就输入到葡萄糖中去,成为稳定的化学能了。在暗反应过程中,虽然不需要阳光,但需要大量的专业化程度极高的酶来催化所有反应的完成，所以，人们又称暗反应为"酶促反应"。

小小的叶绿体内部就是这样既有明确的分工又有高度的协调，它们发扬着团结协作的精神，辛勤劳作，不断吸收太阳光，分解水，聚敛了世界上最大的财富，共同完成着神奇而又伟大的光合作用。

一般地说，通过光合作用每生成一克分子的葡萄糖就有2870千焦的太阳能被储藏在葡萄糖中。

除了陆地上生长着的郁郁葱葱的绿色植物以外，在那浩翰无垠的海洋里，还生活着各种各样的水生植物，如裙带菜、海藻、紫菜等等，它们也都能进行光合作用。据估算，水生植物产生的有机物比陆地植物还多七八倍呢！无论是陆生植物还是水生植物，它们都是勤劳的"能源开采家"。它们默默无闻地工作着，把宇宙之中无穷无尽的太阳能不断地加以利用，为生物世界创造了巨大的能源。据粗略估计，在大约5.1亿千米^{2}的地球表面上，绿色植物每年大约吸收1750亿吨的二氧化碳(其中陆生植物吸收200亿吨，水生植物吸收1550亿吨)和600多亿吨的水。如果按照碳元素平均占有机物干重的42%计算，那么每年就可形成4400亿吨的有机物并释放出大约4700亿吨的氧气。

在生成有机物的同时，如果按照植物每年形成4400亿吨有机物计算的话，那么绿色植物每年就能贮存7.11×10^{18}千焦的能量。这是个怎样的概念呢？打个比方，这些能量相当

奇妙的细胞王国

于24万个三门峡水电站每年所发出的电力，相当于人类每年工业生产、日常生活和食物营养所需能量的100倍。因此，通过光合作用所贮存的能量几乎是所有生命活动所需能量的最初源泉。正是光合作用解决了人类和几乎所有生物的"吃饭"问题，也正是光合作用为人类社会提供了95%以上的动力。当你在绿树成阴的道路上漫步，呼吸着沁人心脾的空气的时候，你不要忘记这当中光合作用的功劳。光合作用用一种神奇的力量推动了生物界的发展和繁荣，没有光合作用就没有今日的生物世界。因此说，光合作用无愧于生物界生命活动的"动力源"这个光荣称号。

● 细胞城的呼吸——呼吸作用

我们已经知道，叶绿体进行光合作用是一个贮存能量的过程。细胞里的"动力站"是线粒体，线粒体进行的呼吸作用是一个放能的过程。呼吸作用释放的能量正是光合作用所贮存的能量，而细胞呼吸作用的顺利进行又为光合作用的进行提供了生命活动的动力。因此说，呼吸作用与光合作用二者间是个相辅相成的关系。我们可以作这样一个比喻：光合作用的贮能过程好像水泵将水扬到较高的水库中，使水的位能增高；呼吸作用相当于水从高位水库向下流泻时推动水车做功，是一种释放能量的过程。

有氧呼吸因为有氧气参加，所以人们称这一过程为"有氧呼吸"。因为有氧呼吸所释放的能量ATP绝大部分是在线粒体内合成的，也就是说，细胞生命活动所利用的能量大部分由线粒体供给，所以线粒体被誉为细胞城内的"动力站"。

此外，细胞中还有一类不需要氧气参加的呼吸途径，叫"无氧呼吸"，又称"发酵"。无氧呼吸顾名思义就是不需要氧气的参与就能进行的呼吸。与有氧呼吸的威力比较起来，无氧呼吸就像一个"力气"有限的"小弟弟"：有机物分解不彻底，释放的能量少，产生的ATP少，没彻底分解的有机物还要通过"哥哥"——有氧呼吸的帮助才能彻底分解。如果从物质变化的过程来看，"哥俩"还有许多相似的地方呢：

由上面可以看出，小小细胞城内的动力站是这样工作的：通过制造营养的车间——光合作用，把二氧化碳和水制

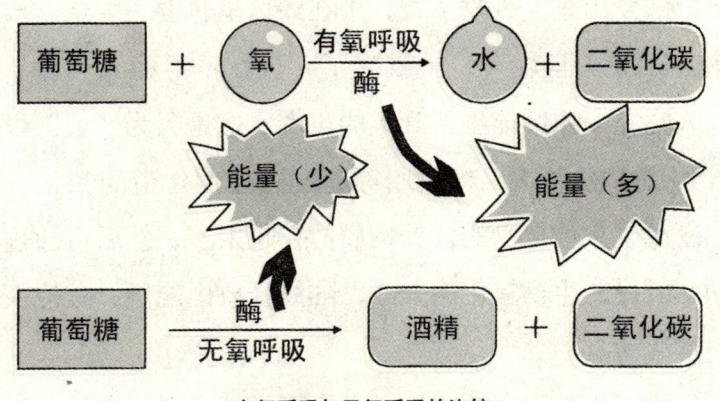

有氧呼吸与无氧呼吸的比较

成葡萄糖并放出氧气，同时把太阳光能转变成稳定的化学能贮存到葡萄糖之中。然后，又借助于细胞城内的能量"兄弟"，把"堆积"在城内的葡萄糖等营养物质进行"燃烧"分解，释放出宝贵的能量ATP，为细胞城的生存与发展提供生命活动的动力。

在这循环往复、周而复始的过程中，植物细胞不断地吸收太阳能，从而推动整个生物界生命活动的进行。我们由衷地感叹：太阳是伟大的，没有太阳就没有生命；植物细胞更是伟大的，没有植物细胞内叶绿体的威力，太阳光也就无用武之地了。

● 能量的"传递员"——ATP

木柴燃烧就会生火发热，木柴里的能量通过"火"和"热"散发出来。人吃了饭，饭在人体里也要"燃烧"放出能量。木柴一旦烧完，火就灭了，也就不再释放热量。可是，人吃完一顿饭能维持几天的生命，这是因为"饭"里的营养物质如蛋白质、糖、脂等通过人体消化道的消化、吸收，变成了人体自身的营养物质储存起来了，然后再通过我们如前所述的生物氧化的方式，陆续释放出能量，维持人体的正常活动。

生物氧化时放出的能量不是一下子就会利用完的，而是

六 生命活动的守护神

分次分批按需供应,这个过程就是靠细胞城内的能量"传递员"——ATP来完成的。

ATP分子是由一个腺苷和三个磷酸组成的物质,叫腺三磷或三磷酸腺苷。其中A代表腺嘌呤,T代表3个,P代表磷酸。ATP中的三个磷酸并排连接在一起,彼此之间的化学键叫磷酸键,其中ATP中远离A的两个磷酸键里存有很多的能量,称它们为高能磷酸键,也就是说一个ATP分子里面含有两个高能磷酸键,所以我们又把ATP称为高能化合物。

当腺苷(腺嘌呤A和核糖)和一个磷酸相遇时就会立即"手拉手"形成了AMP(A-P),这时腺苷和磷酸分子之间形成的是普通的磷酸键,这种磷酸键中贮存的能量约是2000卡;当

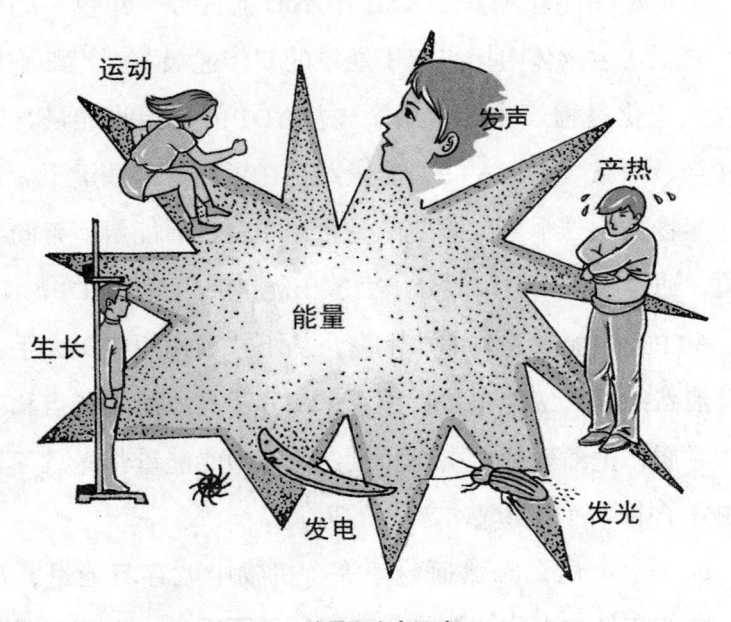

能量和生命运动

细胞里的AMP又遇到一分子的磷酸时，就又立即和磷酸分子"手拉手"形成ADP(A-P~P)，因第二个磷酸分子距离腺苷相对较远，磷酸分子在空间的自由度就更大，所以就需用一种特殊的含更多能量的高能磷酸键(用~表示)才能"拉住"磷酸分子，这时的一个高能磷酸键里可贮存的能量达8000卡；同样的道理，当ADP和一个磷酸结合形成ATP(A-P~P~P)时，就又贮存了约8000卡的能量。相反，当"性格"活跃的ATP丢掉一个磷酸分子，释放出一个高能磷酸键中所贮存的8000卡能量时，它就变成了ADP，ADP丢失磷酸分子后又转变为AMP。由此可见，ATP、ADP(二磷酸腺苷)和AMP(一磷酸腺苷)之间是可以相互转变的。

由于ATP能在ADP、AMP中不断地进行"角色"的转变，它就在生物体内担当起了能量的"传递员"。当细胞城内发生氧化过程产生能量后，先派ADP前往接收能量，即ADP与磷酸结合形成ATP，能量贮存在了高能磷酸键里。这样，生物体的哪个部位需要能量，ATP就带着能量"奔向"那里，通过脱去一个磷酸分子而放出能量，再变回ADP。

ATP运输能量的效率非常高，从不"利用职权"大手大脚地浪费能量。细胞也是看重了ATP分子高效能的特点和节约的品质，把葡萄糖、脂肪和蛋白质等中的能量都先贮存到ATP分子中，随用随取，方便快捷。

你一定奇怪，既然葡萄糖等有机物中贮存着能量，那么，它们在细胞内分解放能后直接利用不行吗？为什么还要

ATP做"传递员"呢？这是因为不论是葡萄糖，还是脂肪、蛋白质等营养物质彻底氧化分解、释放能量都需要一定的时间，但细胞内的各种生命活动常常都是在弹指一挥间完成的，如果细胞只能直接从葡萄糖等有机物的分解中获取能量就有能量供应不上的危险，后果是不堪设想的。ATP的出现正好克服了这个弊病：ATP能迅速分解成为ADP，放出能量，没有供能中断的隐患；同时，ATP又像细胞内的能量"银行"，细胞可以根据需要逐个地分解ATP，需要多少能量就分解多少ATP，不致于造成能量的浪费。你看，这个"措施"多么经济又多么可靠啊！

细胞世界就是这样的奇妙！由于ATP的作用就像市场上的货币，所以人们形象地把它誉为细胞城内能量代谢的"流通货币"。

● 生命之花——核酸

"种瓜得瓜，种豆得豆。"为什么生物的第二代总与第一代相似，而在第一代瓜和豆里又找不到小瓜、小豆的雏形？保持两代之间一致的原因是什么？答案就在于遗传物质——核酸。

最初，人们是从脓的细胞核里发现核酸这种物质的，因为它呈现酸性，所以称它为核酸。后来，人们发现一切生物，不论是动物、植物还是微生物，都含有核酸，没有核酸就没有生命。进一步研究还发现，因为化学组成不同，核酸分为两类：一类叫核糖核酸，简称RNA；另一类叫脱氧核糖核酸，简称DNA。这两种物质的结构和功能都不相同。DNA主要是携带和传递由"上一辈"传下来的遗传信息。RNA则是转录DNA携带的遗传信息，并根据指令合成新一代的蛋白质。每一类核酸都是由不同数量和种类的核苷酸按照一定的程序连接而成。如果把核酸比做一列火车，那么，核苷酸就是这列火车中的一节节车厢了。

那么，核酸又是怎样携带遗传信息并用于合成新一代的蛋白质的呢？我们已经知道，核酸是由核苷酸聚合而成的。每个核苷酸是由磷酸、核糖和碱基组成的。这些碱基包括腺嘌呤(A)、鸟嘌呤(G)、胞嘧啶(C)、胸腺嘧啶(T)和尿嘧啶(U)。每个核苷酸上只有一个碱基。单个的核苷酸挨个地连成一条链，两条链并排排列，每个核苷酸上碱基再依次横连起来，组成"横梯"。这里组成"横梯"的两链间的碱基横连时是有一定的规则的，A只能连T，G只能连C。如果一长链上的碱基是ATGCA，那么对应的另一条链就该是TACGT。这是碱基间的互补配对原则。在"横梯"的基础上，两条链再拧成"麻花"状，这样就成了我们在前面提到过的著名的DNA双螺旋结构，它贮藏在细胞核内。因为每三个碱基可以组成一个"遗传密码"，而一条DNA上的碱基多达几百万个，所以DNA上就载有大量的遗传信息了。

如果碱基在排序上出现差错，或有缺失、增加等现象，都会造成遗传上的差错，引起疾病，甚至死亡。因此，核酸是生物体遗传物质的基础，它在生命活动中占有极重要的地位。现在人们不仅认清了核酸的作用，而且还能人工合成核酸，一些核酸的衍生物也已成为医学上应用广泛的特效药了。

核酸的原料极其丰富，用甘蔗中的糖蜜培养成高核酸酵母，1吨高核酸酵母能提取70千克核酸，经酶和化学处理可获得4种核苷酸，这就是特鲜味精和高级药物的原料。

据统计，我国的甘蔗年产量在数千万吨，糖蜜多达上百吨，取现有糖蜜的1/10生产核酸，就会为社会创造巨大的经济效益。

核酸，这枝生命之花，在广大科学工作者的精心"培育"下，相信在不久的将来，一定会绽放得更加绚丽、多姿。

● 生命之"桥"——肽

蛋白质是一种高分子化合物，是生命存在的最基本的形式，无论组成生命体的蛋白质分子有多么复杂多样，但组成蛋白质的基本"元件"却都是一样的——氨基酸。氨基酸也因此被称为生命的标志。

自然界里的生命是在氨基酸产生之后才逐渐诞生、进化

奇妙 的细胞王国

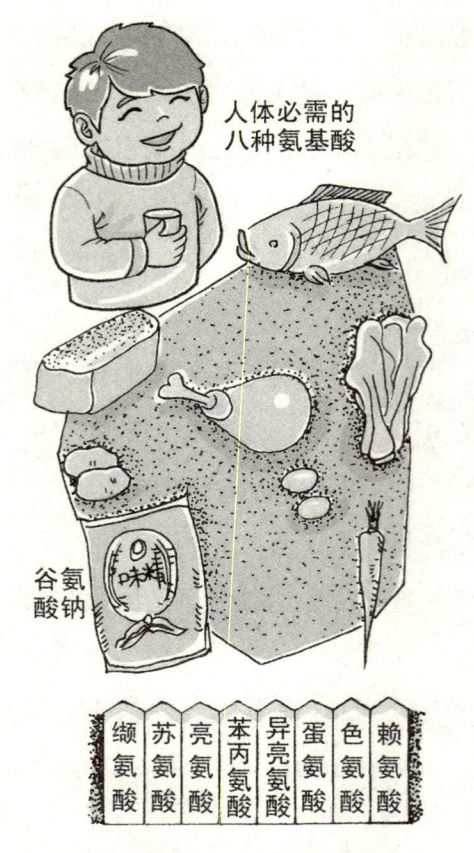

人体必需的八种氨基酸

谷氨酸钠

缬氨酸 苏氨酸 亮氨酸 苯丙氨酸 异亮氨酸 蛋氨酸 色氨酸 赖氨酸

氨基酸是生命的标志

的。现在，科学家们在活的有机体中已发现了80多种氨基酸，其中，作为组成蛋白质的基本"原料"的氨基酸只有20多种。这20种氨基酸以不同的数目、不同的连接方式组合起来就产生了成千上万种不同的蛋白质，就好像用0~9的数字组成的不同的电话号码一样，自然界千变万化的生命也就出现了。

每个氨基酸分子中都至少含有一个氨基(碱性)和一个羧基(酸性)。常温下，氨基酸是白色的结晶体，外形像味精、砂糖、精盐。大多数的氨基酸能够溶解在水里。

那么，什么是肽？为什么称肽是生命之"桥"呢？

肽是两个或两个以上的氨基酸分子缩合形成的物质。我们把两个氨基酸缩合而成的叫做二肽，把三个氨基酸缩合而成的叫做三肽。以此类推，就有了四肽、五肽、多肽等。

在形成蛋白质分子的过程中，一个个氨基酸分子犹如一节节"车厢"一样首尾相接，这就是肽键。通过多个肽键组成的一条链状大分子物质就叫做肽链。有的蛋白质只有一条肽链，例如人的脑激素；有的蛋白质由两条肽链构成，例如胰岛素；还有些蛋白质由多条肽链组成，例如血液中的血红蛋白分子含有四条肽链。

肽是生物体的重要组成之一，尤其是活性多肽，在生物体内有特殊功能。生物的生长发育、细胞分化、大脑活动、肿瘤病变、免疫防御、生殖控制、抗衰老、生物钟规律等等都与活性多肽有关。近年来，科学家们发现了一种比吗啡更有镇痛作用的五肽——脑啡肽。脑啡肽主要存在于动物的脑组织中，肠道、小肠上部、肠纵肌及平滑肌的神经末梢里含量也很高。脑啡肽在上述细胞里与其他氨基酸连成长链，成为有某种功能的激素。这种激素就是脑啡肽的前体。当生物体需要时，脑啡肽就从前体的长链上"掉"下来发挥作用，如止痛、调节体温等。它还可以调节生长激素、产乳素、胰岛素等激素的抑制和释放，以及调节动物的摄食、胃肠蠕动功能等。研究证明，针刺麻醉也与脑啡肽有关。针刺后，脑啡肽的分泌大大提高，从而产生止痛的作用。

综上所述，蛋白质是生命存在的最基本形式，它又是由氨基酸通过肽而产生的，所以，肽是生命之"桥"。值得一提的是，在生命活动旺盛的细胞里，如果合成一段由150节"车厢"——氨基酸编排、连接而成的"列车"——肽链时，通常只需要90秒钟即可完成。你看，这生命之"桥"建得多么地神速啊!

● 生命活动的主角——蛋白质

没有蛋白质,就没有生命。蛋白质是一切生物细胞的重要组成部分。

以人体组织为例,人体干重的45%是蛋白质,干燥的脾脏蛋白质的含量则超过80%。存在于生物界的蛋白质的种类和数量非常多,就连最简单的单细胞生物,如大肠杆菌也含有3000种不同的蛋白质,而比细菌结构复杂得多的生物体,则含有10万种以上不同结构的蛋白质分子。

随着科学技术的发展,科学家们目前已认识了蛋白质的结构。蛋白质的结构极为复杂,分子量很大,从几千到几百万不等。例如,最简单的蛋白质——胰岛素,分子量为6000,而人的血红蛋白分子量为63000。蛋白质分子的结构分为一级结构、二级结构、三级结构和四级结构。蛋白质的一级结构又称化学结构,是指蛋白质中由各种各样的氨基酸通过肽键按一定顺序连成一串。成串的氨基酸就像锁链一样按一定规则折叠、盘曲、再折叠、再盘曲,形成不同的形状。这样就形成了结构复杂、程度不一、空间构型多样的蛋白质分子的二、三、四级结构。

由于组成每种蛋白质的氨基酸的排列顺序千变万化,因

六 生命活动的守护神

此蛋白质的种类也就多种多样了。比如，一个由100个氨基酸组成的肽链，如果按它含有20种不同的氨基酸计算，就会有20^{100}种不同的排列顺序，这就意味着有20^{100}种不同的"链子"。另外，从空间构型来看，有的蛋白质分子中由好几条"链子"缠绕在一起，形成的蛋白质分子很大很大，而有的仅由一条"链子"自我折叠，形成的蛋白质分子很小很小。蛋白质分子的这种特定的化学结构和空间结构决定了蛋白质分子功能的多样性，从而，也决定了它在细胞生命活动中的"霸主"地位。

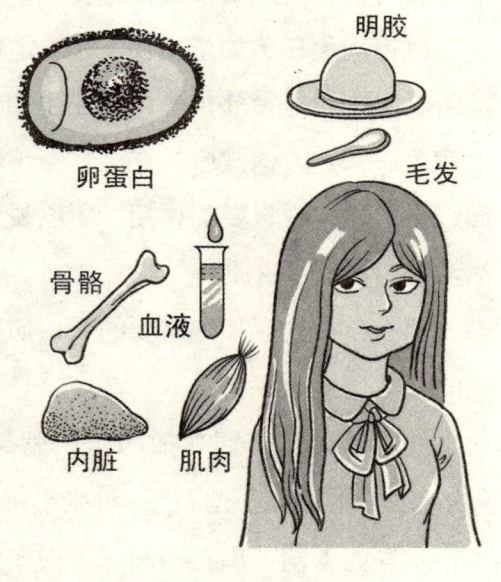

血红蛋白
明胶
卵蛋白
毛发
骨骼
血液
内脏
肌肉

没有蛋白质就没有生命

首先，蛋白质提供了生物结构的骨架。人和动物的毛发、犄角、蹄爪、指甲主要由角蛋白构成；软骨、韧带、骨骼主要由胶原蛋白构成；肌肉是由肌动球蛋白组成的。由此可见，蛋白质的存在使生物体保持着稳定的形态。

其次，在生命活动的各个方面，蛋白质都起着举足轻重的作用。心脏跳动时，心肌蛋白在不断地收缩和舒张；在奔流不息的血循环中靠得是红细胞中的血红蛋白把氧气运送到需要的地方，再把二氧化碳运送出去；在细胞膜上，蛋白质担负着细胞内外物质交换的任务；在胃里，生物机体放出一些执行消化任务的蛋白质——酶，帮助食物消化分解成能被吸收的物质。另外，蛋白质在生物体内还能抵御病菌、消灭病菌、保护人体健康。在生物遗传和高等动物的记忆等方面，蛋白质也有重要的作用。所以说，构成生命现象的各种活动都离不开蛋白质。

那么，对生命如此重要的蛋白质在生物体内又是怎样合成的呢？

细胞城内生产蛋白质的工厂就是核糖体。核糖体是由RNA和几种蛋白质组成的一种微小颗粒，它的形状好像两个大小不等的糖葫芦串在一起。蛋白质就是在这种特殊的工厂里合成的。

生物在细胞内合成蛋白质的过程就像是建造一座特殊的蛋白质"大厦"，它需要各种特定的成员参加：DNA、各种RNA、核糖体、多种酶等，大厦的建造过程充分体现着细胞城内"居民们"顾全大局、团结协作的"精神风貌"。

住在细胞核中的DNA，就像大厦的总工程师一样，构思该合成什么类型的蛋白质。DNA的碱基顺序就是总工程师设计好的合成蛋白质的一张张"蓝图",合成怎样的蛋白质完全由这些蓝图决定。

DNA作为生命蓝图是宝贵的,它必须留在细胞核这个保险柜里,决不能带到施工现场去。为了使施工现场有图可依,只好把蓝图进行拷贝(即转录),然后大厦建筑人员拿着拷贝去施工。这个拷贝就是信使RNA,即mRNA,也就是说它带着总工程师的大厦设计信息。

信使RNA从DNA接受了合成蛋白质的指令后,立即从细胞核出来进入到细胞质中的施工现场——核糖体,指挥现场施工。

我们已经知道,建造蛋白质的基本原料是氨基酸,那么,怎样才能把众多的氨基酸按照信使RNA上的指令有条不紊地搬进核糖体呢?这就要求助于译员转移RNA,即TRNA了。

转移RNA之所以能担当译员的重任,一是因为它认识两种文字:一种是信使RNA的文字——遗传密码,另一种是蛋白质的文字——氨基酸;二是它具有两个特异结构:一个特异结构是在它的一端含有信使RNA的反密码子,另一个是携带特异性氨基酸的结构。例如,信使RNA上的密码子如果是UUU(这是苯丙氨酸的密码),那么,根据碱基配对原则,转移RNA上一端的反密码子必然是AAA。密码子UUU与反密码子AAA,一正一反碱基正好互补,一配即合。

转移RNA的一端如果是反密码子AAA,那么它另一端的特异结构必然只能接待苯丙氨酸(正好是信使RNA中的UUU编码的氨基酸)。如果信使RNA上紧接着密码子UUU的是密码子CCA(编码脯氨酸),那么另一个转移RNA一端的反密码子就是GGU,而这一转移RNA的另一端必然只能携带脯氨酸。所以,这样看来有多少种氨基酸至少就应有多少种转移RNA,即至少要有20个译员,因为组成蛋白质的一般只有20种氨基酸。每个译员只懂信使RNA上的一种密码子和一种氨基酸的语言。从这里我们也可以看出转移RNA不仅起着识别文字的译员作用,它还起着携带氨基酸的运输作用,也就是说转移RNA既是一个译员又是一位搬运氨基酸的搬运工,它真不愧是脑力劳动和体力劳动相结合的典范啊!

有了信使RNA和转移RNA后,合成蛋白质的工作就该进入实质性阶段了。这个过程在遗传学上称做翻译,它主要由以下三步完成:

第一步,首先核糖体从信使RNA的一侧穿进去,其大小恰好占据信使RNA的两个密码子AUA和GCU的位置,这两个密码子分别编码异亮氨酸和丙氨酸。与这两密码子互补的,即反密码子是UAU和CGA的两个转移RNA,它们分别携带着异亮氨酸和丙氨酸进入核糖体。然后,在核糖体内信使RNA上的密码子AUA(编码异亮氨酸)和具有反密码子UAU的转移RNA(携带异亮氨酸)配合,信使RNA上密码子GCU的转移RNA(携带丙氨酸)和具有反密码子的CGA的转移RNA(携带丙氨酸)配合。二者之所以能配合,是因为相应的密码子和反密码子的碱基完全互补。配合后,两个转移RNA另一端携带的异亮氨酸和丙氨酸,通过肽键结合成一肽。这个一肽现在由与密码子GCU配合的转移RNA携带，与密码子AUA配合的转移RNA已不携带氨基酸，随即退出核糖体。

第二步，核糖体在信使RNA上向前移动一个密码子位置，即这时核糖体除占据GCU外，还占据GGC的位置，也就是占据两个密码子的位置。注意，这时GCU的位置仍被携带一肽(异亮-丙)的转移RNA占领，只有GGC是空位。同样，密码子GGC是编码甘氨酸的，所以，与这密码子互补的反密码子是CCG的转移RNA，携带着甘氨酸进入核糖体，与信使RNA的GGC配合。配合后，则形成的一肽与甘氨酸又通过肽键形成二肽。该二肽此时是由与密码子GGC配合的转移RNA携带；与密码子GCU配合的，不携带二肽的转移

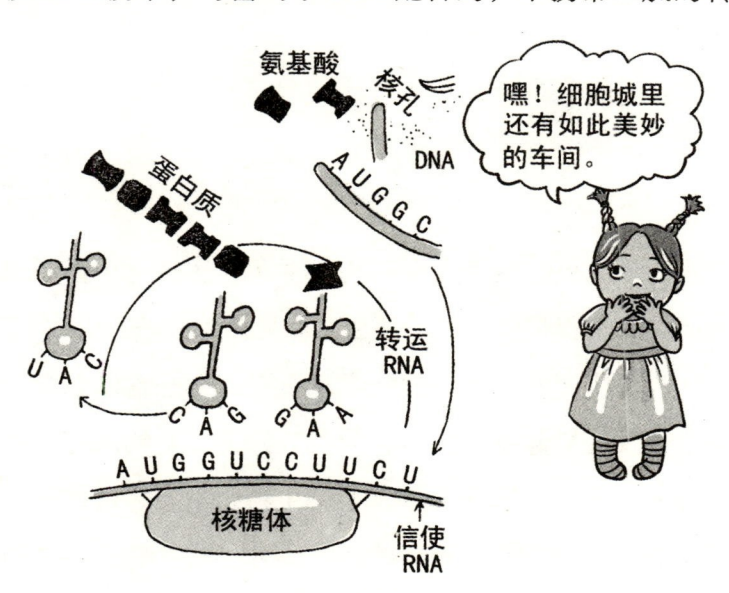

蛋白质合成施工现场

RNA又退出核糖体。

第三步，核糖体再向右移动一个密码子，一定的转移RNA载着一定的氨基酸进入核糖体；这个新运进的氨基酸与二肽结合形成三肽。如此不断重复，肽链就不断地延伸。当核糖体走完整个信使RNA的密码子路程时，蛋白质合成即宣告完成。

综上所述，蛋白质的合成过程是：DNA先在细胞核内把遗传信息复制后转交给信使RNA，同时还要合成转移RNA，然后其中的信使RAN再经过翻译产生蛋白质，用一个公式表示就是：

$$DNA \xrightarrow{转录} RNA \xrightarrow{翻译} 蛋白质$$

你看，生命活动的主角蛋白质就这样在细胞城中诞生了。

● 生命活动的催化剂——酶

蛋白质之所以成为生命活动的主角，还有一个重要原因就是所有的酶都是蛋白质。那么，酶又是怎么一回事呢？

20世纪上半叶，有一些科学家发现，一些含量极微的物质在生物反应中起决定作用，他们想知道这些物质究竟是些什么样的东西。美国康奈尔大学的生物化学家萨姆纳最先从一种叫刀豆的美国热带植物的种子中分离出一些结晶，他把结晶溶解后发现这种物质显示出一种叫做脲酶的酶的特性。

六　生命活动的守护神

这种酶能够催化尿素分解成二氧化碳和氨。萨姆纳的结晶显示出明显的蛋白质的性质，而且他发现凡是使蛋白质变性的东西也都会破坏这种酶，蛋白质与酶是不可分离的。这说明萨姆纳得到的是一种纯的结晶状的酶，而且证明了酶是一种蛋白质。不久，美国洛克菲勒研究院的化学家诺思罗普和他的同事们也证实了萨姆纳的发现，此外他们还证明这些结晶也都是纯蛋白质，即使被溶解并稀释到一般实验不能再检测到蛋白质存在的程度，酶仍然会保持它们的催化活力。由于萨姆纳和诺思罗普他们杰出的工作，两人共同分享了1946年的诺贝尔化学奖。

自从酶被证实是有活性的、具有催化能力的蛋白质至今，科学家们已经识别出了大约2000种不同的酶。通过对200多种酶进行了结晶检测，证明它们无一例外地全都是蛋白质。

在现实生活中，我们也能感受到酶的存在。你吃一口饭或馒头，在嘴里细细地咀嚼，过一会儿就会感到嘴里有一丝丝的甜味，这就是唾液中的淀粉酶促使食物中的淀粉变成糖的缘故。酶在这里起到了催化剂的作用。

酶的工作效率极高。科学研究已经证明：酶的催化能力要比一般化学催化剂高出几十万到上千万倍。例如，工业上分解纤维素，要用5%的硫酸，在4~5个大气压，100多摄氏度的条件下，4~5个小时只能使纤维素稍稍松动。而一旦加入一点点纤维素酶，在常压和40摄氏度条件下，4~5小时可以使50%的纤维素分解成葡萄糖。再如，工业上要将过氧化氢分解成水和氧，必须要用铁屑和二氧化锰作催化剂，在高温、高压下才能完成。若用过氧化氢酶作催化剂，在10摄氏度的条件下，一分子的过氧化氢酶每秒钟能够使44000分子的过氧化氢彻底分解成水和氧，这比用铁屑和二氧化锰作催化剂工作效率提高了数万倍。

酶的催化具有极高的效率。细胞好像是一座组织严密、高度分工的生命之城，在这里面每时每刻都在进行着成千上万种生化反应，而且每一步反应都和其他的反应紧密配合，环环相扣，这就要求每步反应都必须是高效、高速的，才能使生物体的生命活动维持平衡。此外，生物体特殊的生理活动特点决定了细胞城内所有的反应必须在最温和的环境下进行，没有高温，没有高压，没有强的化学药品刺激，所有的反应都要在严格而灵活的控制下进行，而且还要根据环境变化特点和生物变化的需要经常进行调整。在生物体内能担此重任的非酶莫属了。

酶的"岗位责任制"非常明确。每一种酶往往只能催化某一种反应，好像一把钥匙开一把锁一样。

生物体内的反应门类繁多，因而酶的种类也很多。在一座小小的细胞城里，可以有2000种酶之多，它们分别催化着不同的化学反应。

生物体内如果缺少了某一种酶，不但由它催化的反应不能进行，而且还会引起代谢失调，造成病态。例如，人类的

六　生命活动的守护神

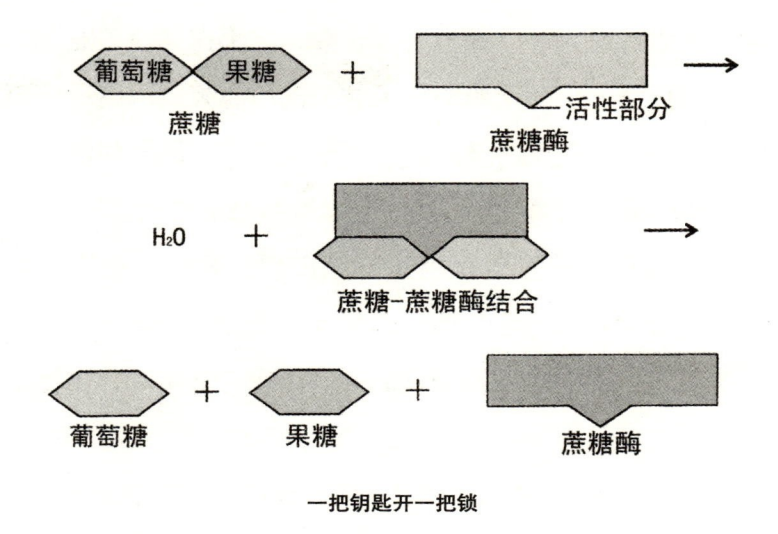

```
葡萄糖  果糖   ＋        活性部分    →
   蔗糖              蔗糖酶

  H₂O   ＋                        →
            蔗糖-蔗糖酶结合

  葡萄糖  ＋  果糖  ＋   蔗糖酶
         一把钥匙开一把锁
```

一种遗传性的疾病——黑尿症，该病患者的尿一接触空气就会变黑，这是因为病人体内没有尿黑酸酶，不能把尿黑酸分解掉的缘故，结果尿黑酸就大量积累起来，造成黑尿症。

　　随着人们对酶认识的不断深入，怎样使酶造福于人类就成为人们更关心的话题。许多年来，科学家们在工业、医学上做了大量的科学研究，生产出了许多人造酶，并由此形成了酶工程技术。

　　食品工业是应用酶制剂最早、最广泛的一个领域，现在已经应用的酶有几十种。酶对食品工艺的改革，开发新品种，发掘食品原料的资源，提高食品的营养价值都有巨大作用。例如多片酶，它所含的多种酶会增强人的消化能力，专治积食、消化不良。还有一种超氧化物歧化酶，它被广泛用于饮料、食品、化妆品中。它能去除人体内的垃圾——超氧化物，使人延缓衰老，保持着青春活力。酶在其他工业上的应用也很广泛，例如淀粉酶用于纺织部门脱浆，酒精厂淀粉的液化；蛋白酶用于生丝脱胶，皮革脱毛等。洗衣粉添加蛋白酶后也能大大增强去污能力，也是酶高效工作的结果。

　　酶工程在医药上也得到了广泛应用。例如，胆固醇脂酶、胆固醇氧化酶用于血胆固醇的定量测定；抗癌药物——天门冬酰胺酶对白血病有明显的抑制作用；从蚯蚓体内提取的链激酶，可以用以治疗血栓塞病。

　　近年来，通过高新技术基因重组对酶菌种的改造，人们获得了生产酶的高性能优秀菌种。例如有一种淀粉酶，最早人们是从猪的胰脏里提取的，它的生产成本高、产量少。随着酶工程的发展，人们采用一种芽孢杆菌来生产这种淀粉酶，从1米^{3}的芽孢杆菌培养液里提取到的淀粉酶相当于几千头猪的胰脏中淀粉酶的含量。

　　尿激酶是治疗脑血栓及其他血栓的特效药。过去常见的生产手段是从人尿中提取。现在科学家们从人的肾脏细胞中分离出尿激酶基因，再通过基因工程将尿激酶基因转移到大肠杆菌的DNA中，用DNA重组后的大肠杆菌来生产人的尿激酶，产量高，质量好，生产成本降低，药价大幅度地下降，给广大患者带来了福音。

　　现在，人们越来越深刻地感受到了人类的生活离不开酶。随着科学技术的发展，酶也必将在越来越多的领域造福于人类。

七、古老神奇的细胞城

● 它从远古走来

生命是一种最为奇妙、最富魅力的自然现象。在现在的地球上，生活着150多万种动物、40多万种植物和20多万种微生物，它们共同构成了一个蜂飞蝶舞、鸟语花香、山清水秀、绚丽多彩的生命世界。从高山到平原，从沙漠到草原，从空中到江河湖海，从地表到地下，到处都有生命繁衍进化、生生不息的踪迹。

那么，地球上最初的生命是怎样出现的？第一座细胞之城又是如何建造的呢？要解开这个谜团，还必须从地球在宇宙中形成之初谈起。

大约在46亿年前，地球诞生了。那时的整个地球是混沌一团，没有大气，没有水源，完全是一个无生命的荒凉沉寂的世界。地表上的温度很低，地球内部也不像现在这样分成三层，而是一个物质均匀的球体。后来，在地球绕太阳旋转和聚集的过程中，由于自身的凝聚收缩和放射性物质的蜕变生热，使原始地球内部不断升温，温度高达上千摄氏度。受重力的影响，较重的物质开始沉向地球内部，形成地核和地幔；较轻的物质则分布在地球的表面，形成了地壳。

刚形成的地壳比较薄弱，而地球内部的温度又很高，因此，引发地球上的火山频繁喷发，岩浆横流。大量的水蒸气和一些其他的化合物随着火山的喷发而逸出地表，其中的气体便组成了最原始的大气圈，其主要成分是甲烷、氢、氨、水、硫化氢、二氧化碳等，但那时完全没有氧气。

随着时间的推移，地壳也在不断地发生变化，有的地方隆起形成了高原和山峰，有的地方则下陷形成低地和山谷。过了大约1亿年，地球上高达数千摄氏度的温度才慢慢降下来，大气层中的水蒸气也逐渐冷却下来，形成一场场倾盆大雨降落到地面，聚集在一些低洼的地方，就形成了湖泊和河流，最后汇聚到地表最低洼处，形成了原始海洋。原始海洋远没有现在海洋那么大的水域，它的水量大约只有现在海洋的1/10。

在漫长的年代变迁中，闪电、太阳光给死寂的地球带来了生命的希望。通过闪电、紫外线、热能的共同作用，原始大气和地面上的物质发生着剧烈的反应，逐渐形成了氨基酸、单糖、有机碱、核苷酸等有机的小分子物质。这些物质随着雨水、河水一起流进了海洋中，在那里积累、碰撞、发生反应，形成了比较大的原始有机大分子如蛋白质、核酸等。其中的蛋白质和核酸对于生命的出现具有决定性的意义。

蛋白质、核酸、多糖、类脂等有机大分子在原始海洋里越积越多，通过蒸发、吸附、团聚、冰冻等作用，使它们浓缩，形成了一种多分子体系。多分子体系在海水和空气的作用下，形成一层原始的膜，使某些有机大分子与周围的海水隔开，从而成为了一个独立的体系。通过这层与周围海水分界的膜，多分子体系从外部吸收它所需要补充的物质，并且排出废物。这种有界膜的体系，通过物质交换获得能量，不仅使它能够保存下去，而且还进一步开始了自我繁殖。最初的原始生命就这样诞生了。

当原始生命在地球上出现的时候，地球上仍然没有氧气，所以这些原始生命都是厌氧的。

又经过漫长的演化，大约在32亿年以前，原始生命内部结构逐渐复杂化，并且形成了结构远比原始界膜复杂得多的细胞膜。细胞膜对内外物质交换的控制作用比原始界膜更加完备，于是出现了细胞。但是这种细胞的核质和细胞质之间没有明显的核膜，所以说它们没有真正的细胞核，人们称这种细胞叫原核细胞。根据古生物学资料记录，科学家们在非洲南部距今31亿~32亿年前的寒武纪早期岩层中发现了细菌和蓝藻的化石。这是迄今为止人们所能找到的最早、最原始的原核细胞的证据了。

由于当时大气中没有氧气，这些原核细胞靠厌氧呼吸获得能量和养分，以维持自己的生命。后来，又经过几亿年的进化，一些细胞里产生了色素，其中有一类色素就是现在植物绿叶里的叶绿素。叶绿素能利用太阳光进行光合作用。光合作用使地球上出现了氧气，有了氧气之后，又出现了喜氧的细胞。

真核细胞的出现则要迟得多，科学家们在美国加利福尼亚州距今12亿~14亿年的白云石中找到了绿藻和金藻，这算是现在知道的最早的真核细胞的证据了。真核细胞由细胞膜、细胞质和细胞核三部分组成，它的核质和细胞质之间有了明显的核膜。细胞膜包在细胞外层，起保护细胞内部结构的作用。它可以控制细胞同外界环境条件的物质交换，并且能吸收外界的能量，接受外界的信息。

细胞核外包核膜，内有核仁和核液，遗传物质的载体——染色体就存在于细胞核内。

细胞质中也不寂寞，它除了有大量能够流动的半透明的黏稠物质外，里面还含有形形色色的细胞器，比如，制造养料的叶绿体、合成蛋白质的核糖体、提供生命动力的线粒体等等。

回顾细胞的诞生历程，我们看到：距今32亿年前，地球上出现了原核细胞，而真核细胞的产生则在距今10亿年前左右。从原核细胞演化为真核细胞经历了20亿年的漫长岁月！而从简单的真核细胞进化发展成为今天这样形形色色、瑰丽无比的生物世界却大约只花费了10亿年左右的时间。由此可见，真核细胞产生之后，生物界进化与发展的速度大大加快了，可以说，真核细胞是生物有系统、有规律进化演变的基础。今天的真核细胞必然还要继续进化，可以预料，未来的生物世界会进入更高级、更复杂的阶段，世界也会更精彩！

● 细胞王国里的"移民"

　　从上面我们知道，真核细胞是由原核细胞进化而来。从原核细胞到真核细胞是生物从简单到复杂的一个转折点，真核细胞的出现是生物进化史上的一次飞跃。现在的真核细胞内，细胞结构精巧复杂，细胞器种类繁多。可是你知道吗，我们熟知的线粒体和叶绿体并不是细胞城内的"土著居民"，而是"移民"。这是怎么一回事呢？

　　大约在30多亿年前，当生命在海洋中刚刚出现的时候，大气中并不存在氧气。早期的原始生命完全靠从周围海洋中直接摄取物质并进行厌氧生活。后来经过长期的进化，从原始生命中发展出一类体积较大，"掠夺"性很强的细胞，这就是真核细胞的祖先，它们靠把掠夺来的糖类进行酵解而获取能量。

　　与此同时，自然界中还存在着另外两种类型的细胞。一种细胞叫革兰氏阴性细菌，称为原线粒体。原线粒体不仅能进行糖酵解，而且能利用当时已在大气中积累起来的氧气，使糖酵解产生的丙酮酸进一步分解，从而取得更多的能量；

奇妙的细胞王国

另一种细胞被称为原始的光合细胞。原始的光合细胞具有了利用无机物和太阳光来合成有机物的能力。后来，这种细胞的光合作用逐渐演化完善，能将水分子分解放出氧气，这就是光合细胞。

由于"掠夺"细胞具有很强的捕捉和吞噬能力，它们四处吞食和消化体积比自己小、但代谢能力比自己强的细胞来维持生命，实行"强权政治"。这种情况下，原线粒体和光合细胞等弱小个体也被俘虏。但是它们特别"顽强"，没有被消化掉，竟然分别以提供能源和合成"粮食"为条件，要求生存下来。掠夺细胞看它们是一些"遵纪守法"的公民，自己又可以从中谋利，于是，它们之间就达成了互惠互利、和平共处的条约。这样原线粒体和光合细胞就成了今天细胞城内生命的两大支柱——线粒体和叶绿体。

● 红色运输队

血，是生命力的象征。血液是一条红色的运输线。人体需要的氧气、营养，通过血液才能输送到全身各组织、器官；同时，各组织、器官在新陈代谢活动中所产生的废物、二氧化碳，也是依靠这条血液运输线，将它们收集、运送到有关的组织、器官，再排泄到体外。当你生病的时候，治病的药物通常也要靠这条血液运输线，运送到需要药物发挥效力的地方。在这条红色的运输线里，有一批担负运输任务的默默无闻的主力军——红细胞。

红细胞的个体很小很小，直径约有6~7微米，把针尖那么大的一点儿血液放在显微镜下观察，竟然有400万~500万个红细胞。一个人的全身红细胞大约有25万亿个，如果把这25万亿个红细胞一个挨一个地连接起来，其长度竟可以环绕地球4圈儿以上。如此众多的红细胞"众志成城"，完全可以胜任繁重的运输任务，把氧气输送到全身数百万亿个细胞中去。

人的红细胞的形状、结构十分奇特。第一，它既不是圆球形，也不是长方形，而是两面凹的圆盘状，中央较薄约1微米，边缘厚达2微米。原来，这种形状的表面积可比同样大的球形增加20%~30%。这样，就使红细胞最大限度地扩大自己的体表面积，以利于多携带氧气。有人估算过一个人全身的红细胞的总面积，竟可达3000多米^2，差不多等于一个足球场的大小。氧气和二氧化碳能在如此广阔的天地里和红细胞进行广泛的接触，从而大大地提高了运输效率；第二，成熟的红细胞中没有细胞核和其他细胞器。这样就使得红细胞"身轻如燕"，在血管中流动时，可及时随血液流动速度和血管的口径不同而暂时改变形状。正常的红细胞通过最狭窄的毛细血管时，把自己的身体巧妙地伸缩和弯曲就能通过了，进入大血管后，红细胞又恢复原形。有了这样的变形本领，红细胞就可以走到身体的任何地方，可谓无孔不入，无隙不钻，从而把氧气及时而准确地送到身体的各个"角落"。

奇妙的细胞王国

红细胞为什么被称为"红色运输兵"呢?原来,红细胞的细胞质里充满了血红蛋白。血红蛋白是一种结合蛋白,它由珠蛋白和一种含铁的血红素结合而成。这种含有铁的血红素个性极为活泼,它遇到氧就能很快地与氧气结合,这时血液就变得鲜红;它遇到二氧化碳又很快地与二氧化碳结合,这时血液就变成了暗红色。血红素不但能跟氧和二氧化碳很快结合,还能很快跟它们分离。当红细胞流动到肺里的时候,它就跟氧气结合在一起,并把氧气运到全身各个角落,让肌肉、骨骼、神经等组织的细胞利用氧气,使它们正常地工作;当红细胞把氧气"卸"下后,又顺便把这些细胞产生的二氧化碳运回到肺部呼出体外。这样,它就不跑"空程",像一辆辆运输车一样,快跑快送,快装快卸。

煤气和液化气中含有大量的一氧化碳,一氧化碳与血红蛋白有更强的亲和力,要比氧气更易与血红蛋白结合到一起。当空气中一氧化碳浓度增高时,吸入的一氧化碳会更快地与血红蛋白相结合,使血红蛋白失去携带氧气的能力。随着血中氧气含量的减少,人体组织细胞就会缺氧,人也就不知不觉昏迷了。由于一氧化碳血红蛋白的颜色鲜红,所以,中毒的病人面部呈现一种好看的樱桃红色,不像一般缺氧的病人那样颜色灰暗。在这种情况下,最好的办法就是将中毒者转移到空气新鲜的地方,让中毒者吸入新鲜的空气,当然发现的同时如果能吸氧或高压给氧更好。但是,如果中毒过深,红细胞就会彻底失去运输氧气的能力,人也就会因缺氧而"闷"死。所以冬季用煤炉取暖的家庭,千万要注意通风,预防煤气中毒。

红细胞的寿命很短,仅仅有120天就寿终正寝,因此,人的一生中骨髓要不断产生新的红细胞才能满足需要。据说,一个人一生可制造近半吨重的红细胞,每个红细胞在它短短的一生中,在人体往返运行的距离可达160多千米。

由于血红蛋白离不开铁元素,所以我们平时要保证铁的吸收。我们一日三餐中的米、面、蔬菜、豆制品、肉、蛋等食品有充足的铁元素,要多吃这些食物。有些人挑食,不吃豆制品、蔬菜等,不注意食品的多样化和互相搭配,这样就会造成铁的缺乏,出现血色素太低和贫血的毛病。据测定,人体里铁的总量只有4~6克,除了每日通过汗、尿和粪便排出1~2毫克外,绝不会轻易丢失,即使红细胞衰老死亡以后,它仍然会把体内的铁留给后代去制造血红蛋白。你看,红细胞就是这样,把自己的一切都奉献给了人类。

● 英勇作战的白细胞

血液里不仅有红色的运输队,还有一支保卫人体、抵御来犯之敌的"义勇军"——白细胞。

在显微镜下观察,白细胞呈球形,主要有五个"兵种":嗜中性粒细胞、嗜酸性粒细胞、嗜碱性粒细胞、单核

单核细胞

淋巴细胞

嗜中性粒细胞

嗜酸性粒细胞

嗜碱性粒细胞

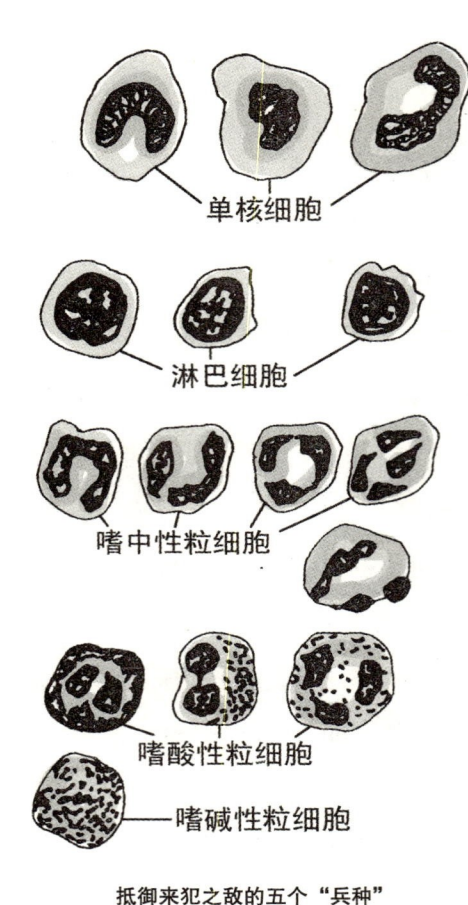

抵御来犯之敌的五个"兵种"

细胞、淋巴细胞。前三者细胞的细胞质内含有特殊嗜色颗粒，又称为颗粒性白细胞。

白细胞的数量比红细胞少得多，每毫升血液中有5000~10000个白细胞，平均约有6000个。各种白细胞在白细胞总数中占有的份额多少不一：淋巴细胞占白细胞总数的20%~30%；中性粒细胞占整个白细胞的50%~75%；单核细胞占3%~8%；嗜酸性粒细胞占2%~3%；嗜碱性粒细胞占1%以下。

白细胞的个体比红细胞大，但行动起来却十分敏捷，因为它们能变成各种形状，这样更利于同细菌作战。它们经常在全身各处巡逻，遇到细菌这样的入侵者，就会很快奔赴战场，英勇杀敌。有人估计，一个白细胞能够消灭20个入侵者。当然，白细胞自己也会牺牲的，那发炎化脓的地方，就留有许多白细胞的"尸体"。当外来的入侵者尚未消灭时，白细胞会不怕牺牲、前仆后继地冲上去。这时，医生化验血液就会发现白细胞数目增多。所以，血液中白细胞的大量增多，往往是体内有病原侵入，双方正发生着激烈战斗呢！这时，医生往往给病人注射抗生素，来支援体内的白细胞，以彻底将病菌歼灭。

当细菌侵入身体，并在侵入的地方进行破坏活动时，细菌本身和受害的组织细胞会产生一种物质，像信号一样，能被中性粒细胞得知。中性粒细胞对细菌有着"强烈的憎恨心"，只要一发现有细菌的踪迹，它们就会从四面八方集中过去，将细菌包围、分解、吞噬。有时它们还可以穿过血管壁进入组织间隙远程追凶，直到"擒住"凶手。然后，又释放出一种物质，把被破坏的组织变成脓汁加以清除。

单核细胞的个体最大，相当于2~3个红细胞的体积。一般来说，100个白细胞中有2~3个单核细胞。它们是专门埋伏在各个组织器官中的狙击手，一遇到有进入组织器官的细菌、病毒等各种异物，就坚决地消灭，毫不留情。

对付细菌、病毒等种种微生物，最厉害的要数淋巴细胞了。淋巴细胞有两种，一种叫T淋巴细胞，它有很强的辨别力，专门识别外来的异己分子并将入侵者全部围歼、吞噬掉；另一种叫B淋巴细胞，它通过分泌抗体，特异性地杀灭异己分子。所谓特异性是指每种抗体都有指定的攻击对象，它们专心得很，从不错杀。它们的记忆力也是无可非议的。也许你已经忘记了幼儿时期接种的脊髓灰质炎的疫苗，但你体内的脊髓灰质炎抗体却时刻牢记在心,当脊髓灰质炎病毒再次侵入你体内时,抗体就与病毒进行殊死的搏斗,最后同归于尽。此时,吞噬细胞就会来打扫战场,将死亡的细胞一一吃掉。用不了多久,同样的抗体又会补充进来。淋巴细胞不仅杀灭外来的侵略者,还严密监视体内衰老、死亡和突变的细胞,一个淋巴细胞能吞噬5~10个癌细胞。在癌症病人中,有的病人会自愈,不吃药不开刀,恶性的癌细胞自己消失了,这就是淋巴细胞的功劳。当然,这种情况很少。多数情况下,由于淋巴细胞的吞噬速度比不上癌细胞的繁殖速度快,所以还要靠药物和手术。但是,通过增加淋巴细胞的能力,来大量杀死癌细胞,也是一种治疗途径,这在医学上叫做免疫疗法。

● 细胞的生生不息

细胞都是由细胞分裂产生的。从微小的藻类到参天的大树,从小巧的蝼蚁到庞大的蓝鲸,任何一个多细胞的个体都是通过不断的细胞分裂,从一个受精卵逐渐发育而成的。

就像生物个体一样,细胞生活到一定时间就会老死,这就需要通过细胞的分裂来补充"生力军"。以人为例,一天中,大约有10亿个细胞死亡,又有10亿个细胞诞生。

细胞繁衍的主要形式是细胞分裂。通过分裂,细胞一分为二，原来的一个细胞变成了两个较小的子细胞。此时，母细胞已不存在，而子细胞逐渐长大，又可以分裂，再变成两个子细胞。如此周而复始，延绵不绝。如果条件适合，细胞可以不断分裂，几个小时，甚至几十分钟就可以繁殖一代。它的数目按几何级数：2个变4个，4个变8个……而迅速增加。

细胞繁殖是一个周期性的变化过程。所谓细胞繁殖周期就是细胞从一次分裂完成开始到下一次分裂完成为止之间的时间，简称细胞周期。

细胞在一个繁殖周期中，最要紧做的事情有两件，即DNA的复制和把复制好的DNA平均地分配到两个子细胞中

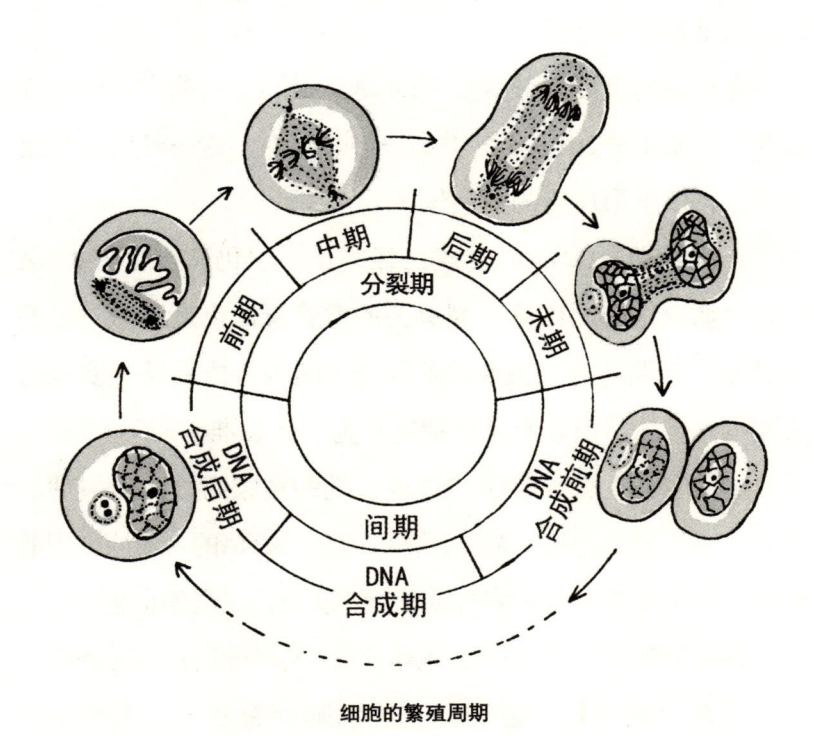

细胞的繁殖周期

去。为了研究方便，人们又把DNA的复制、蛋白质的合成等为分裂做准备工作的时期，称为分裂间期；把染色体的形状变化为主要特征的时期，称为分裂期，分裂期又可分为前期、中期、后期和末期。

在分裂间期，看似平静的细胞实际上经历着非常旺盛的合成活动，不仅进行DNA的复制，还合成细胞质中的大多数的蛋白质，包括细胞生长所需要的各种酶。分裂间期以DNA活动为主要特征，间期又可分为DNA合成前期、DNA合成期、DNA合成后期。

合成前期主要合成RNA和蛋白质。细胞生长所需要的各种酶也是在这个时期合成。

合成期的主要特征是复制DNA。根据生化测定，经过合成期，细胞中的DNA含量增加一倍。此外，这一时期也合成组蛋白，以供形成新的染色体。

合成后期，DNA的合成已经终止，但仍有少量的RNA和蛋白质合成。与细胞分裂有关的微管蛋白也是在这一时期合成的。后期还为分裂期储备能量。因为合成后期主要是为分裂期做准备，所以有人就把它称为"分裂准备期"。

细胞分裂的开始标志着合成后期的结束而进入分裂期。这一阶段，蛋白质合成降到了最低水平，RNA的合成除分裂前期的开始阶段及分裂末期的最后阶段以外，完全停止进行。

细胞分裂可以分为三类：无丝分裂、有丝分裂和减数分裂。

无丝分裂是最早发现的一种细胞分裂方式，人们早在

1841年就在鸡胚的血细胞中看到了。因为分裂时没有纺锤丝出现，故称无丝分裂。又因为这种分裂方式是细胞核和细胞质的直接分裂，所以又叫做直接分裂。

无丝分裂过程相当简单。分裂时，核仁先行分裂，接着细胞核拉长，核仁向核的两端移动，然后核的中部变细断裂，细胞质也从中部收缩，分为两部分。于是，一个细胞就分裂为两个新细胞，并且每个细胞里都有一个细胞核，就像一袋东西平均地装成两袋。这种分裂方式在低等的原生动物中比较常见。

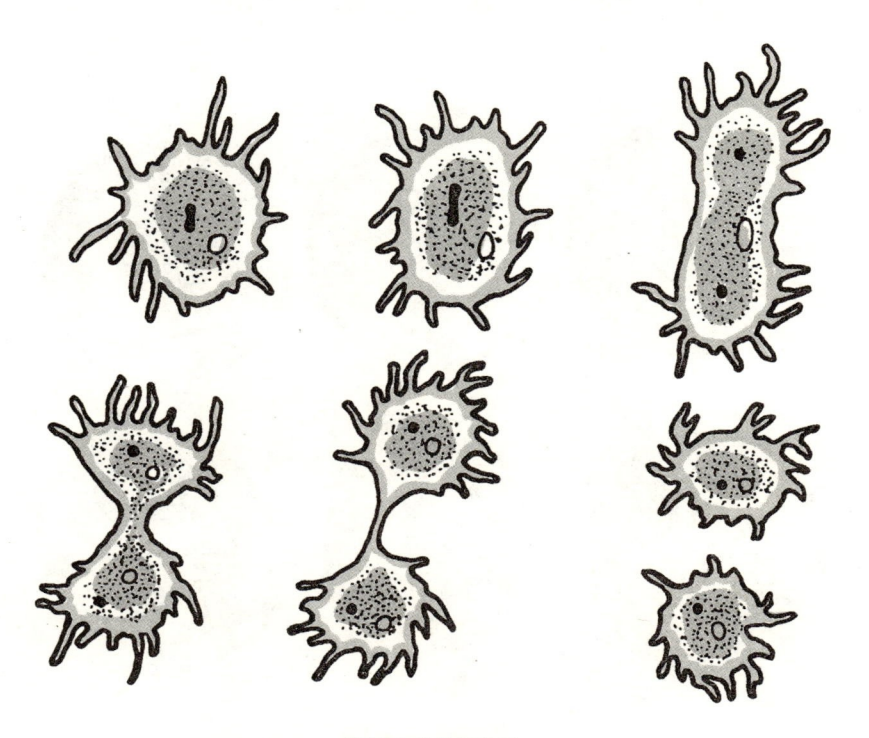

变形虫的无丝分裂

奇妙的细胞王国

　　有丝分裂是最常见的体细胞的分裂方式。它是多细胞有机体中细胞增殖的主要形式。动、植物受精卵的分裂都属于有丝分裂。它的主要内容是：把每个染色体分裂为相等的两个染色单体，并通过一系列复杂的过程将其平均地分配给两个子细胞。通过有丝分裂，每一个子细胞都获得了与母细胞同样的一份染色体，借此保证种族的延续。

　　减数分裂是一种特殊方式的有丝分裂。它的特点是：在整个分裂过程中，染色体复制一次，而细胞连续分裂两次，其结果是子细胞中的染色体数目减少一半，故名减数分裂。这种分裂仅仅出现于生殖细胞的成熟过程之中。

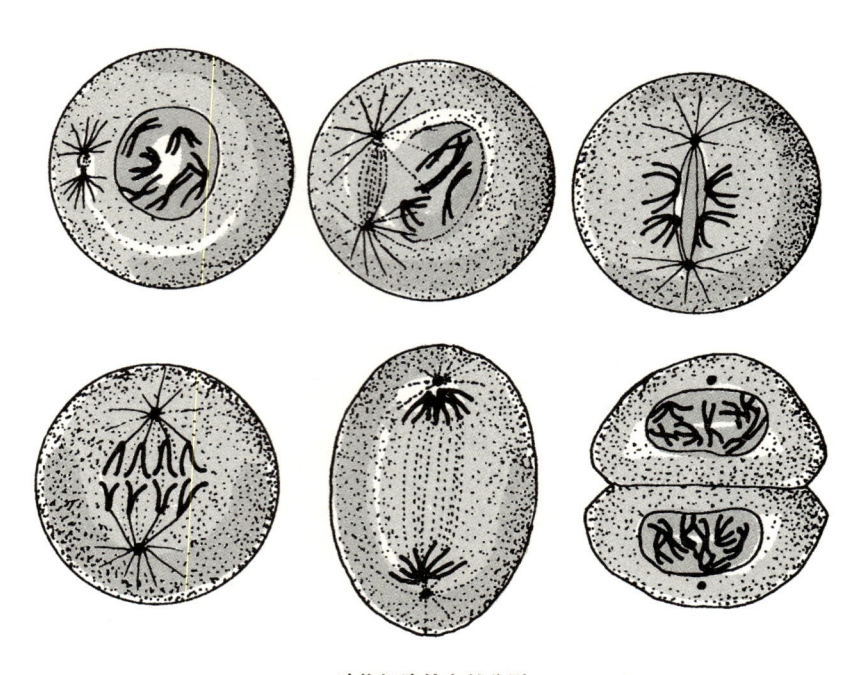

动物细胞的有丝分裂

由减数分裂所产生的成熟生殖细胞(精子或卵细胞)中染色体数目只有母细胞的一半。受精后,精子和卵细胞中的染色体数相加,数目又和亲代一样了。等到新个体产生生殖细胞时又经过减数分裂,染色体数又被减少一半。受精后,受精卵的染色体数又恢复到亲代数目。通过这种形式,在一代又一代的个体中,染色体数目始终保持稳定,这是保持生物种族遗传特性稳定的根本保证。

● 能源城——脂肪细胞

在细胞王国里有一种脂肪细胞,它像一个大能源库,为机体不断提供所需能量。油库里可以存放石油,供给汽车、飞机、火车等能源。而脂肪细胞则是人体的一种能源——脂肪的仓库。

显微镜下看到的皮下脂肪细胞的长度为67~98微米,每个脂肪细胞含脂量约为0.6微克。肥胖病人的脂肪细胞则可长达127~134微克,含脂量达到0.91~1.36微克。一般成年人脂肪细胞总数约有3×10^{10}个,即约300亿个。照此计算,一般人体内所有脂肪细胞所提供的能量可使生命维持40~50天。

那么,脂肪是由什么构成的呢?科学家们的研究表明,脂肪是以血液中的葡萄糖及脂蛋白为原料制成甘油三酸酯,然后以酯的形式贮存在细胞里。

平时，活跃的脂肪细胞能不断地从血液中摄取游离的脂肪酸，然后，在细胞内将脂肪酸与葡萄糖合成甘油三酯。而细胞内的甘油三酯又可被脂肪酶催化生成甘油和游离脂肪酸，其中的一部分游离脂肪酸被释放进入血液，随血液循环运送到肝脏或全身其他的组织细胞中去，并在细胞内的"动力厂"中氧化燃烧，放出大量供细胞生命活动的能量；另一部分又可被其他的脂肪细胞吸收并迅速地再酯化。

我们为什么又把脂肪细胞称做能源城呢？以人为例来说吧，人在饥饿而又不能及时进食供给身体营养的时候，就要依靠自己的肝脏及肌肉细胞内先前所储蓄的葡萄糖原转化为葡萄糖来供给能源了。但是这种"存放"在肝脏和肌肉细胞中，可供转化的葡萄糖原很少，提供的能量也很有限。如果人的饥饿状态仍继续下去的话，就该动用身体内的能源城——脂肪细胞中所贮存的脂肪作为能源了。

脂肪在人体内分解释放能量的同时，还产生一种叫做酮体的物质。酮体也可以作为葡萄糖的代用品，特别是在饥饿威胁到人的生命之时，这种代用品尤其显得珍贵，作为宝贵的能源供给人体的最高司令部——大脑，真正地做到"物有所值"。

科学研究表明，人体大脑的质量虽然仅占人体的2%，但大脑所消耗的能源却占人体的18%，约等于安静状态下肌肉和皮肤所消耗的能量的总和。如果人长时间地不能进食，大脑就得不到能量，因此大脑的功能就要受到影响，甚至于出现脑昏迷。由此看来，脂肪作为能源贮存起来，就像为战时贮备的"备战物资"一样具有重要的意义。

● 细胞的衰老

常言道"生死相依"。细胞家族既然能生生不息地繁衍下来，那么，对于绝大多数细胞来讲也就不可能逃脱衰老、死亡的厄运。拿人体来说吧，人体细胞每天的更新率为1%~2%，也就是说，每100个细胞当中，每天就有1~2个细胞死亡。如果人体细胞大约有60亿万个，那么，每天就有6000亿个细胞在出生，同时又有6000亿个细胞在衰亡。

细胞的衰老及寿命均与细胞的类型有一定关系：一种是随生物体出生之后就停止有丝分裂的细胞。这种细胞大都高度特化，在任何情况下都不再繁殖。例如，组成人体及高等动物体心脏的心肌细胞、组成骨骼肌的肌细胞、组成神经系统的神经细胞等，它们大多能与生物体"相伴终生"；第二种是寿命相对较长，细胞分裂较慢的细胞。例如，肝细胞的寿命约为18个月，人体血液中的红细胞寿命为100天左右，其分裂更新的速度相对较慢；第三种是频繁不断地进行分裂的细胞。例如，白细胞的寿命仅5~7天；皮肤部位的细胞寿命约为10多天，消化道内壁细胞的寿命只有几十个小时，像这样"短寿"的细胞，其更新速度自然也快，日常衰老、死亡的细胞数量也最可观。

衰老的细胞有什么明显的特征呢？首先，细胞城内的最高指挥系统失灵——细胞核发生收缩，核内的结构模糊不清。其次，城内许多重要的生命工厂纷纷"停产"、"倒闭"：动力工厂——线粒体解体破碎；生产蛋白质的机器——核糖体停产；产品的包装车间——高尔基体破裂。与此同时，细胞质中严重脱水收缩，造成黏度增加；细胞质中出现一些无生命的结晶颗粒，出现色素沉积，与细胞生命活动关系密切的许多酶发生严重短缺。所有这些都严重地影响着细胞城内生命的进程，表明细胞正在一步步地走向死亡。

研究表明：造成细胞衰老、死亡的原因有多种，比如机械的、化学的、电、热或电离辐射、细胞生理等等各方面，都可能对细胞造成伤害。同时，复杂多样的大千世界又给人们展示了许多离奇而有趣的事实。科学家们发现，有的细胞不受生命法则的限制。比如，细菌、原虫等单细胞生物，它们依靠细胞的分裂来繁衍后代。亿万年来，它们生生不息，从不终止，在它们的天地里从不存在细胞衰老的问题，自然也就不存在细胞寿命的限制了。

在高等生物的细胞中，也有例外情况。科学家们已探明有两类细胞在分裂过程中不会导致衰老。一是生殖细胞，二是癌细胞。生殖细胞可能是为了繁衍下一代的需要，它的生命时钟必须准确地"拨"回到零，否则的话，就意味着种族会逐渐衰亡，当然这是绝对不能允许的事情。癌细胞似乎有一种奇妙的办法，使它逃脱衰老的厄运。科学家们在培养癌细胞时发现，癌变的细胞在培养时可以无限地繁殖，一代又一代，决不会像正常细胞那样朝衰老方向发展。

细胞在分裂过程中，为什么有的细胞会衰老，而生殖细胞和癌细胞为什么不会衰老呢？经过长期的研究与观察，科学家们初步探明了其中的奥秘：一个细胞在分裂之前，都要首先复制染色体，在形成两个子细胞时，各自都分到一套完整的染色体。但是，由于DNA复制方法的特定形式，使得无法把染色体最顶端的那个部分复制出来，因此复制品比起模板来要略短一些，但通常不会引起明显的变异。比如，刚受精的胚细胞染色体的端部都有一段称之为假DNA的长链，大约含1000个无编码意义的碱基对。以后每经历一次细胞分裂，这些假DNA也仅失去一小段(50~200个碱基对)。科学家们把这些假DNA片段称之为端粒，它具有保护功能。因为如果没有端粒DNA，染色体就很容易在细胞分裂时失去稳定性，容易粘在一起，甚至还可能以异常结合的方式重新组合，从而会导致细胞衰老。

在正常情况下，一个体细胞每次分裂都会丢失一些端粒DNA，当这些保护性碱基全部失去后，细胞就会发生严重的功能紊乱，使细胞趋于死亡。这就是为什么每种细胞的寿命都有一定界限的重要原因。

而癌细胞能不断长生的奥秘在于它能够产生一种端粒酶。这种端粒酶能修复端部的某种损伤，使伤口得以弥合，因此避免了细胞向衰老方向发展的趋势。科学家们发现，所有癌症患者的癌细胞标本全部都有端粒。而那些产生精子或卵细胞的性细胞，同样能产生和运用端粒酶。在单细胞生物体内，它们细胞内的端粒酶在每一次细胞分裂后都能重建端粒。所以它们亿万年来一直保持着旺盛的分裂功能，绝无"种族衰老"的迹象。

自然界中细胞衰老的原因十分一致，都是由于细胞分裂时丢失染色体端粒造成的。而那些能避免衰老的细胞则都有端粒酶。科学家们经过研究指出："端粒酶基因"是每个细胞所固有的遗传组成，大家都具备。许多正常的体细胞由于受某种抑制因素的影响，使得端粒酶基因的作用无法表现出来，就不能产生端粒酶。而性细胞和癌细胞没有抑制因素的干扰，从而造成了这两类细胞的与众不同。

因为细胞的衰老是关系到人类自身健康长寿的重大问题，所以，自古以来如何使衰老细胞能不断更新而"返老还童"，一直是人们关注的热点。我们有理由相信，随着科学的发展，大自然为人类规定的"衰老时刻表"将有一天被彻底冲破！生命的奇迹必将不断涌现。

● 让癌细胞"改邪归正"

癌症，是人类现代生活中的一大"瘟疫"。据统计，全世界每年约有600多万人的生命被癌症吞噬。因为癌症早期不易被发现，后期又不好治疗，人们常常"谈癌色变"。

在生物体内，一个正常细胞在致癌因素的干扰下，往往会转成癌细胞，癌细胞则会无限制地分裂，疯狂繁衍、蔓延而致病。同时，癌细胞具有很强的移植性，任何一个微小

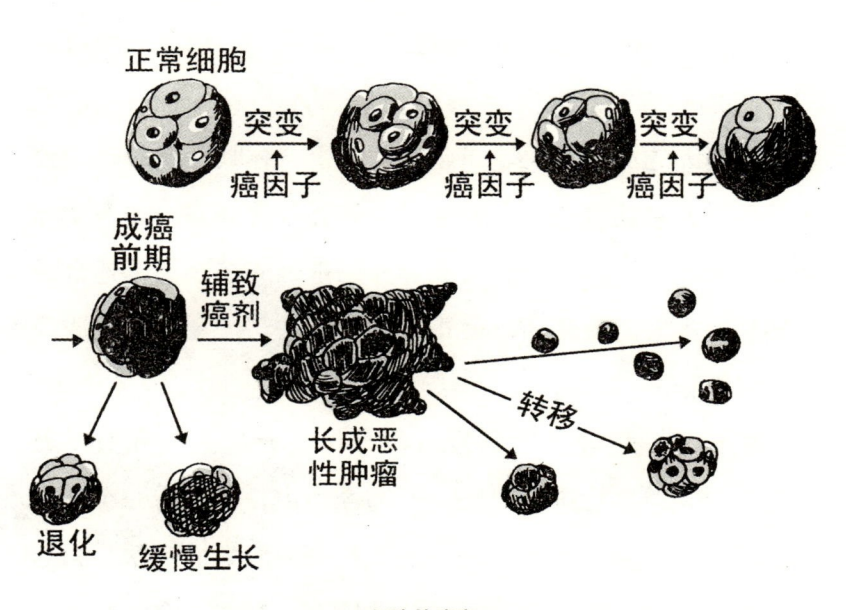

细胞的癌变

的"癌原",借助血液循环都可移动到身体各处,一旦找到适宜生长的地方,它就会立即"安营扎寨"繁衍生息。因为癌细胞多具有强大的分裂能力和很强的转移能力,隐蔽性又强,所以征服癌症成了当今医学上的重大课题。

大量的科学研究表明:诱导正常细胞癌变的因素有多种,如化学的、物理的和生物的等等。

化学致癌物有上千种,如砷、石棉、铬化合物、镍化合物等都是致癌的无机物;煤炭燃烧过程中干馏得到的黑褐色的煤焦油、受潮变质的"花生豆"上所生长的黄曲霉等也是致癌的有机物。

物理致癌物有放射性物质发出的电离辐射、X射线和紫外线等。

生物致癌物是指能引起癌变的瘤病毒:DNA肿瘤病毒、RNA肿瘤病毒等。近代分子生物学的研究还揭示出细胞的癌变与癌基因的活动有关。当癌基因处于"休眠"状态时,细胞表现正常活动状态,当癌基因受外界条件刺激或自身生理因素的刺激而"启动"时,就会在癌基因的控制下迅速合成癌细胞所需要的蛋白质,使正常细胞失去"理智"而变成疯狂的癌细胞。

多年来,世界各国已投入数十亿美元的经费和数以万计的科学家对癌症进行研究,但迄今为止,尚未有一个征服癌症的万全之策。目前,使用的抗癌剂或放射性疗法,只是消极地抑制或杀死癌细胞,这些抗癌方法都有一个致命的弱点，那就是同时杀死正常细胞。因此，使用抗癌剂和接受放疗的人，在治疗过程中必须经常检查白血球，如果白血球低于3000，就必须中止治疗，这样就又给了癌细胞大量繁殖的可乘之机，这也是癌症难以治愈的主要原因。

既然正常细胞在一定条件的"诱导"下能转变成癌细胞，那么，人类能否设法创造另一种条件，让癌细胞"改恶从善"，重新"做人"而转变成正常细胞呢？

目前，科学家们已发现了这方面的天然例证。比如，小鼠睾丸畸胎瘤的部分癌细胞，有时可以转为良性细胞。植物冠瘿瘤细胞经过反复移植到正常组织中，也会转变成正常细胞。这表明它们的遗传物质的结构和功能一旦得到矫正，就有可能使癌细胞"改邪归正"。

看来，这个想法是正确的，但是，这个设想的方案却迟迟拿不出来。

1983年，春风拂拂，世界各国的科学家们聚集一堂，讨论为什么让癌细胞"改恶从善"的工作进展甚微。经过讨论，大家一致认为：细胞分化是细胞变化的"十字路口"。分化是每一个未成熟细胞的特有过程。细胞分化前，快速分裂，随后便是慢慢地成长，最终老化死亡。如果正常细胞受到某些致癌物质或突变的影响，不能正常地进行细胞分化，细胞就会发生恶变——无限分裂，不断增殖，这便形成了癌。如果及时地改变某一条件，使细胞重又正常分化，癌细胞岂不就成为正常细胞了吗？

奇妙的细胞王国

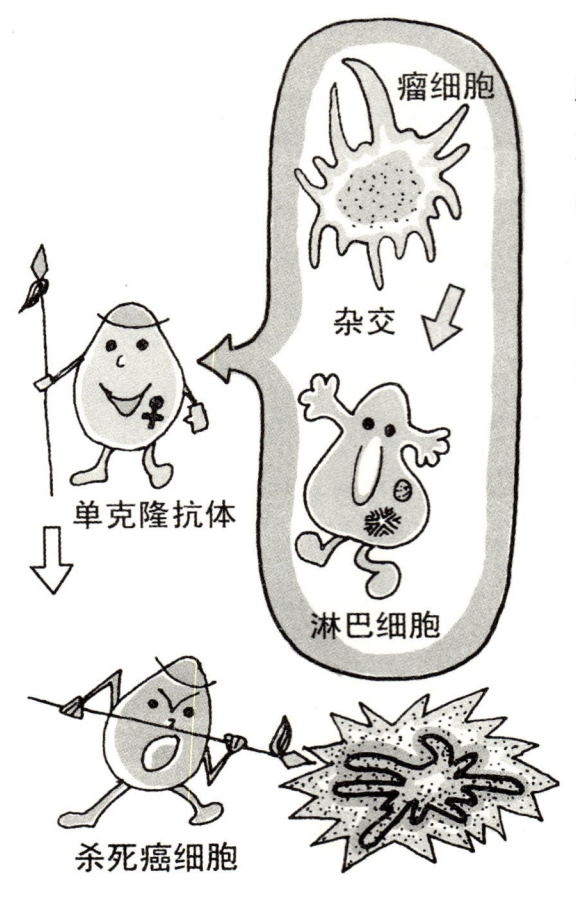

沿着这一思路，各国科学家又展开了深入的研究。

1985年，美国的凯特林癌症研究中心一马当先，打响了第一炮，这里的研究人员宣称他们找到了一种能使癌细胞恢复正常的药物，并且可以代替常规的化疗和放疗从而根治癌症。

生物导弹杀死癌细胞

这种药物名叫环己二酰胺，它是一种有机化合物，结构式并不复杂，化学家可以轻而易举地合成它。它可有效地促使白血病、黑色素肿瘤、结肠癌、膀胱癌等细胞向好的方向转化，尤其是它可能使白血病细胞功能恢复，并产生球蛋白。

不久，美国另一位科学家也发现了一种叫二甲替甲酰胺

- 154 -

的药物，这种药物也能改造癌细胞。把这种溶剂加入到人体结肠癌细胞的培养液里，会使癌细胞生长缓慢，接近正常细胞。他们在患有人体肿瘤细胞的老鼠身上注射了此药物，五天以后，老鼠的皮下肿瘤开始褪色。十天以后，切除肿瘤，经过化验，看到癌细胞正在消失，老鼠恢复了健康。

20世纪90年代，中国科学院细胞生物研究所的专家们也从健康人的肝脏中提取了遗传物质信使核糖核酸，用它来"驯化"肝癌细胞。结果使已经不能合成蛋白质的癌细胞，重新恢复了功能，同时还观察到了肝癌细胞的明显转化。

目前，国内外医药、物理、化学、遗传工程等各条战线的大军正在联合会战，从事着改造癌细胞的研究，相信不久的将来，科学家们必将攻克这一人类的顽症

八、细胞，我们还在认识中

● 小小细胞是位"全能冠军"

我们知道，细胞包含了所有生物体的遗传信息。那么，细胞在离体的人工条件培养下能不能生长成为一个完整的个体呢？如果能，是不是生物体内所有细胞都能够长出与原先的生物一模一样的个体呢？实际上，这样的想法100年前就已有人提出了。

德国著名的植物生理学家哈布兰特在20世纪初曾提出"一个细胞能长成一株植物"。他认为，高等植物的器官和组织可以不断地分割下去，直到分为单个的细胞为止；植物细胞还具有全能性，任何具有完整细胞核的植物细胞都拥有形成一个完整植株所必需的全部遗传信息。

为了论证他的这一观点，哈布兰特在无菌的条件下培养高等植物的单个离体细胞，但是没有一个细胞在培养中发生分裂，他的实验失败了。失败的原因在于当时人们对离体细胞培养的条件认识不足。直到人们认识到植物生长素是植物生长的重要调节物质，又发现了一类植物激素——细胞分裂素后，这才使得植物组织培养的技术达到完善和成熟的阶段。

1958年，植物学家斯图尔特完成了一个著名的植物体细胞培养实验。他把胡萝卜的细胞放在含有植物生长所必需的多种营养元素的培养基上反复进行试验，啊！奇迹出现了，胡萝卜的单个细胞竟然长成了一棵胡萝卜植株！

后来，科学家们发现，植物的各种细胞，包括根、茎、叶、芽、花粉等都可以在人工培养基上重新长成一棵植物。这些实验说明：在适当的条件下，一个离开母体的细胞能从一个分裂成两个，以后不断地分裂形成细胞团，发生组织分化，形成根、茎、芽等器官，从而长成一株植物。因为在植物的每一个细胞内部都含有该植物的全部遗传信息，它可以指导每一个细胞一步步地生长成一株植物。植物的每个细胞都具有"全能性"。它为后来的细胞工程的迅速崛起打下了坚实的基础。

● 创造生命的细胞工程

《西游记》中那个神通广大能够七十二变的孙悟空，在危急关头，常常故技重演从他那一身茸毛中拔出几根，轻轻一吹立刻化作无数的小猴前来为他助阵,使他立于不败之地。谁能想到,猴毛变猴这种神话,随着生命科学研究的不断发展竟然变成了现实,这就是细胞工程所创造出的生命奇迹。

细胞工程是生物工程的重要组成部分,这种技术是将不同种的细胞融合为一个杂种细胞,实现"细胞重组"。这个杂种细胞的遗传特性与原来两个细胞都不同,它能产生具有新性状的生物类型。由于这种融合技术是直接操纵细胞,它是在细胞水平上进行的,因此称为细胞工程。细胞工程包括细胞融合、核移植或细胞器移植、染色体工程等多种形式。

我们先来看看细胞融合是怎么一回事。通俗地说,细胞融合就是将两个不同的物种的活细胞紧密接触在一起,使接触部位的细胞膜发生融合。这样,两个细胞的细胞质、细胞器相互交流,最后就合成了一个细胞。这样的细胞育成的生物体兼有两种生物的共同特性。

细胞融合的整个工艺过程是这样的:首先,攻城破墙,人为打破细胞城的外墙——细胞壁,植物细胞外具有细胞壁,而且细胞与细胞之间由一种叫做果胶的物质紧紧地连接在一起。所以必须用果胶酶瓦解果胶,使细胞之间离散,再用纤维素酶处理掉细胞壁,这样一座裸露的细胞城就暴露无遗了。

然后,在适当的温度、湿度等条件下,或在电子显微镜下,或用特殊的诱导剂引诱细胞,使两个细胞走到一起并逐渐地融合成一个整体。不过，两个细胞融合只是成功开始的一小步，融合后的细胞能否长久稳定、正常地分裂，关键还要看两个来自不同细胞城里的高级司令部——细胞核能否真正地携手共进。因为在细胞核这个司令部的"保险柜"里，各自锁着主宰全城生命的遗传物质DNA，两个细胞只有交出各自的DNA蓝本融合在一起，才能表示合作的诚意，细胞才能稳定和生存。所以还需要这两个细胞在特定的条件下，继续培养"感情"，以达到真正融合。

第三步，过一段时间，科学家们再用精密的技术，审慎地将细胞核真正融合的细胞挑选出来。把它们放入富含营养的培养基中，帮助细胞进行分化，不同时期的培养基有不同的要求。当杂种细胞团形成肉眼可见的一堆组织时，便移到分化培养基中，诱其长芽。最后，再经过更换培养基，继续培养，直到获得完整幼苗。

随着细胞工程研究内容的不断扩大，细胞融合杂交、细胞核和细胞器移植、组织和细胞培养、细胞诱变和遗传修饰等等新技术层出不穷！目前，大规模的植物组织和细胞培养已经在经济上收到明显的效益；细胞融合产生的杂种已显示出美好前景；单克隆抗体为医疗技术带来了革命；对染色体或其他细胞器进行遗传操作，已有可能创造出崭新的生物为人类造福。

20世纪初，科学家们就观察到细胞核和染色质能够穿过细胞壁而进入另一个细胞，形成细胞融合现象。到了60年代，英国科学家首先利用酶法制备植物原生质体获得成功，从而体细胞杂交技术真正开展起来。目前，我国科学工作者也已在这个领域取得了巨大成就。

被誉为米中珍品的"赛拓米"就是细胞工程的一个典型例证。赛拓米具有天然的麦香味，香喷软绵，富于营养，无论其口感或所含蛋白质、脂肪、直链淀粉和支链淀粉之比及胶稠度等指标均优于我国各种大米和泰国香米。它是由中国科学院成都生物研究所的科研人员运用细胞工程技术培育出来的一种特优"赛拓稻"加工而成的。研究人员在对自己创立的人工促使植物细胞间细胞质和染色质穿壁转移技术理论和实践研究的同时，广泛开展了这一技术在水稻育种中的应用，促使水稻的胚性细胞间细胞质和染色质穿壁转移，获得再生植株。经过三代选育，最后培育出优质赛拓稻。

在药物学领域，细胞工程同样大有用武之地。当癌症的魔爪一次次袭击我们人类时，人们也在一次次寻求和制造种种抵御癌魔的武器。"紫杉醇"就是人们寻求的具有抗癌能力的一种物质。这种物质要从名贵树木紫杉树树皮中提取。俗话说"人怕伤心，树怕伤皮"，为了提取紫杉醇该要剥掉多少紫杉树皮啊。人们需要紫杉醇，人们同样需要紫杉树，这是摆在人们面前的一个两难的问题。怎么办？还是到细胞工程中找答案吧。目前我国已成功地实现了从紫杉植物细胞获取紫杉醇产品。这样，不仅有可能为紫杉醇的扩大生产开辟一条新途径，而且使保护名贵树种免遭其害成为了现实。

八 细胞，我们还在认识中

科学在创造着一个又一个的奇迹

　　神奇的细胞工程，为人类创造了许多神奇的成就，我们在不久的将来还可以看到：从细胞工程的"现代化工厂"里，生产出脱毒名优蔬菜、花卉、果树、药材；大量培育出医学上需要的人体可移植的器官；直接从某些细胞组织培养中索取有价值的系列产品……

● 细胞工程结硕果

　　千百年来，生物世界总是亲子相像，世代相传。为什么呢？就是因为子代接受了亲代所遗传下来的遗传物质——

- 161 -

DNA，并在DNA的控制下生长、繁育。

自从人类揭开了DNA的神秘面纱之后，过去人们无法想像的改造生命和创新生命的活动，现在已经放在了生物科学家们的工作日程表上。改造生命、创造生命就要从改造细胞开始。

从20世纪70年代开始，科学家们开始了人为地对细胞进行操纵，力求改变它们原来的遗传物质，产生人类所希望的生物新类型。这一工程的实施，开辟了生物研究的新领域。细胞工程包括着细胞融合、核移植或细胞器移植、染色体工程等多种形式。

番茄马铃薯的培育成功就是这方面一个突出的例证。多少年来，人们一直向往着这样一种植物：地上部分硕果累累，挂满了营养丰富、甜润可口的西红柿；地下部分则长出一堆堆贮藏大量淀粉物质的大土豆。1978年，人类终于利用细胞融合技术实现了这一理想。

除了像上面所讲的土豆西红柿通过细胞融合技术种植成功外，科学家们还在细胞器移植方面进行了探索。1973年，有人试着将烟草的叶绿体植入无叶绿体的细胞，经过培养，发育为成体的植株，其中的叶绿体功能正常。以后，又先后有人把叶绿体植入一种叫链孢霉的真菌细胞中。到后来，人们甚至将叶绿体植入鸡卵中，有趣的是它仍具有部分光合能力。

因为叶绿体是植物细胞进行光合作用的器官，是合成有

八、细胞，我们还在认识中

培育成功的土豆西红柿

- 163 -

机物的场所，能量转变和贮存的中心。同时，它还具有独立的遗传物质DNA。因此，人们有理由相信，通过叶绿体的移植，将来对农业生产的变革会产生深远的影响，实现粮食生产的工厂化是完全可能的。

目前，人类在细胞核移植方面的研究也有了很大突破。美国一位科学家，从一只雌青蛙体内取出一个卵子，去掉细胞核，再把这只青蛙肠细胞的细胞核移到去了核的卵中。于是，这个体细胞核便分裂起来，最后发育成了一只青蛙。这只青蛙和原来的雌青蛙一模一样，但它只有妈妈而没有爸爸。

1981年，美国和瑞士的两名博士合作，育成了三只有父无母的小鼠。它们采用的方法是：先从雄灰鼠的胚胎细胞中取出体细胞培养几天，然后把它植入白鼠的子宫内。结果这只白鼠竟生出了三只灰

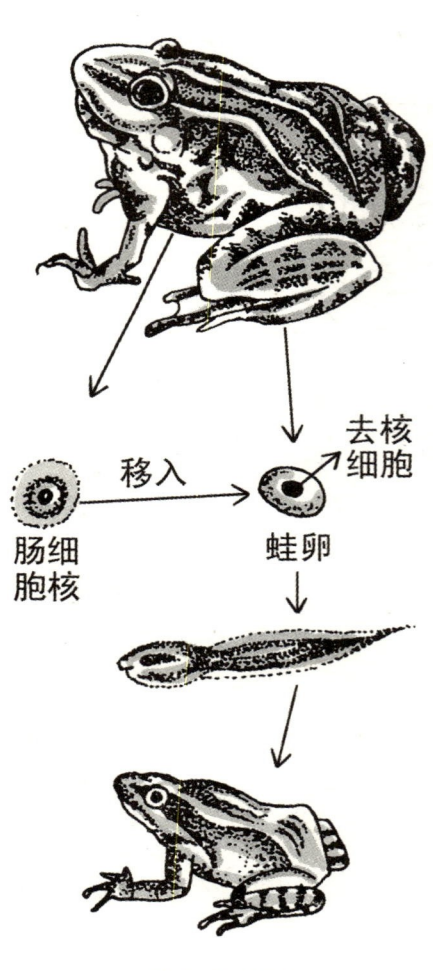

没有父亲的青蛙

鼠。因为三只灰鼠的遗传物质完全来自于亲代灰鼠，所以小鼠长得同"父亲"完全一样。

● 无子瓜果

炎热的夏天，当你吃到清凉爽口的大西瓜时，你是否注意到有的西瓜里没有瓜子呢？咦，西瓜怎么会没有瓜子呢？没有子的西瓜又是怎样传种接代的呢？看来这个世界还真是有许多奇妙有趣的东西！

实际上，这就是科学家们培育出来的无子西瓜。无子西瓜不但没有瓜子，而且含糖量还高，吃起来口感特别甜。

前面说过，高等动植物的遗传物质DNA是由细胞核内的染色体所携带。正常情况下，细胞内的染色体又总是成对的，人们把这样的细胞叫做"二倍体"。但是在形成生殖细胞时，每一对染色体都要分离，所以生殖细胞中的染色体数目只有体细胞染色体数目的一半，人们称之为"单倍体"。受精时，雌雄生殖细胞结合，又变成了正常的二倍体植物。

普通西瓜里的染色体，共有11对，它当然是二倍体。科学家们发现有一种叫做秋水仙素的化学物质，能使细胞分裂时出现"差错"——染色体数目加倍。人们于是就用秋水仙素水溶液浸泡西瓜的种子或涂抹幼芽。经过处理后的西瓜细胞里的染色体就由原来的11对变成了22对。由这样的细胞组成的植物体，我们把它叫做"四倍体"。

接着，人们拿正常的二倍体西瓜的雄花去同四倍体西瓜的雌花杂交。由于二倍体产生的雄性生殖细胞是单倍体，四倍体产生的雌性生殖细胞是二倍体。它们结合以后，产生的瓜子便是三倍体，含有三套染色体，总数是33条。三倍体瓜子种下去以后，也能开花结果，但是长成的西瓜却基本上没有瓜子。这是什么道理呢？

原来，三倍体细胞在形成生殖细胞时，染色体总是分不均匀的，不是多了就是少了，无法成双配对。这样的生殖细胞照例都不能发育成种子。

没有了种子，怎样在来年再收获无子西瓜呢？所以就有了育种的过程，育种也就是每年用四倍体同二倍体杂交，来获得第二年大田栽培所需要的种子。现在，世界许多国家都已经培育出了无子西瓜，我国许多地区都试种成功了无子西瓜，而且产量不断提高，无子西瓜越来越成为人们夏季里喜爱的水果。

其实，没有子的果实在自然界里早就有了。我们经常吃的香蕉就没有种子。香蕉是天然的三倍体植物。我国著名的新疆葡萄干也没有子，它实际上也是一种天然的三倍体植物。

三倍体植物不但可以结出无子的果实，而且在品质和产量上也有许多的优点：三倍体甜菜比二倍体甜菜的含糖量高出15%左右，是我国南方重要的产糖原料；三倍体白杨树的

八 细胞，我们还在认识中

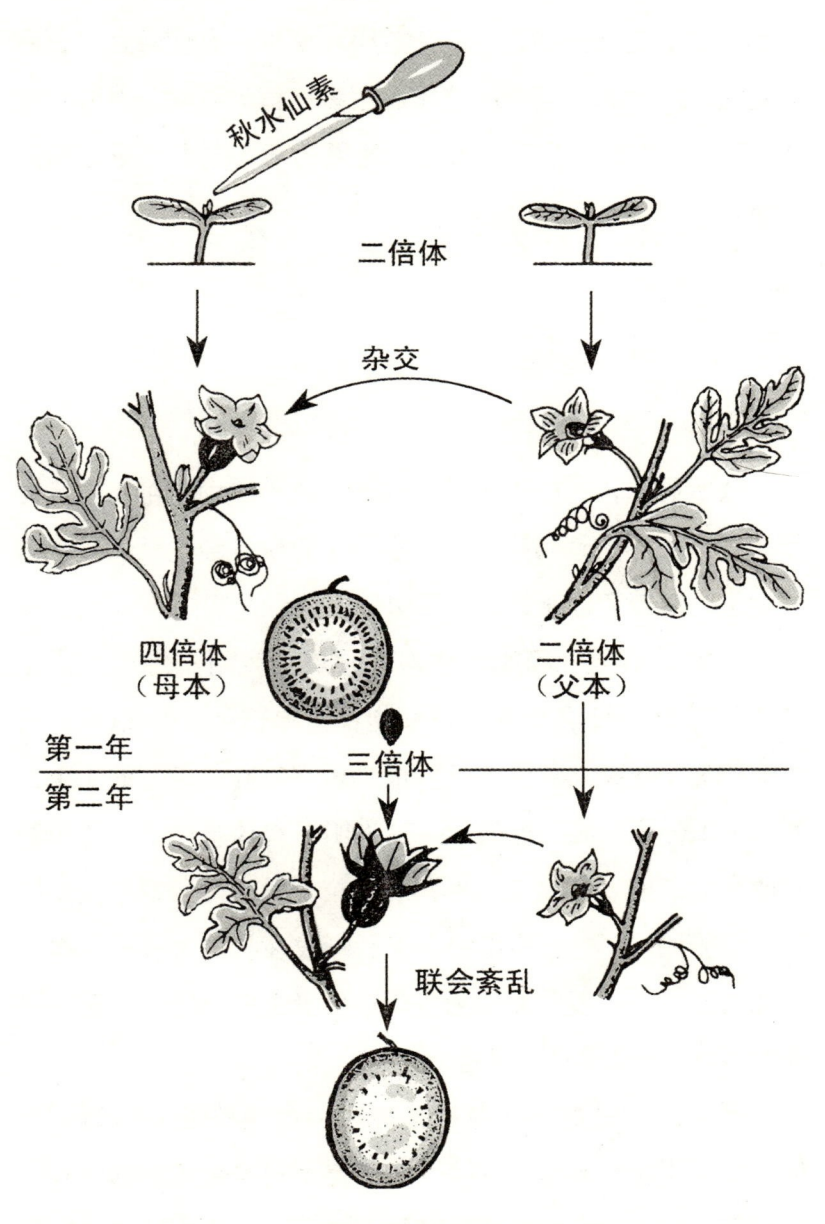

秋水仙素

二倍体

杂交

四倍体
（母本）

二倍体
（父本）

第一年
第二年

三倍体

联会紊乱

无子西瓜的培育过程

生长速度比二倍体白杨树生长快两倍，为营造速生林，绿化土地提供了良好树种；三倍体茶树和桑树抗寒性特别强，叶片肥大，产量高。瑞典园艺家利用多倍体的原理，育成了重达1千克的苹果。看来走到这样的果树下，要担心苹果落到头上了！

● 小花粉长成大植株

众所周知，一粒种子播种到适宜的土壤中就可能长成参天大树。可你能想到吗？一粒小小花粉粒，经过科学家们的"妙手"培养竟也能长成一棵幼苗。

花粉，不是一般的体细胞，它属于生殖细胞，能产生精子。由前面我们知道生殖细胞都是单倍体。1964年，科学家们利用花粉培养的方法，成功地将毛叶曼陀罗的生殖细胞——花粉培养成一棵幼苗。这说明在离体条件下，花粉能够改变原来的发育途径，不再产生精子，而是分裂形成一团团的细胞团块——愈伤组织，然后形成胚状体，长成一棵单倍体植株。这一重要发现为生物遗传学上的育种开辟了一个新的领域——单倍体育种法。

那么，怎样把一粒花粉培养成一棵植物呢？目前，人们一般采用花药离体培养法。由于每个花粉和体细胞一样，都具有"细胞的全能性"，都具有发育成一个完整植株的能力。因此，在一定的培养条件下，幼小花粉可以发生多次细胞分裂，形成愈伤组织，并进一步分化出根和芽，长出单倍体植株。它的基本做法：首先是花药的离体培养，培养能否成功的关键之一是花粉的时期，一般要选用单核中晚期。花蕾先经灭菌处理，再在无菌条件下取出花药，接种到培养基上，在25~35摄氏度下培养，给予适当光照，几天后花药由绿色变成褐色，花粉开始细胞分裂，这个分裂过程肉眼是看不见的。有的植物的花粉经过类似胚胎的发育过程形成胚状体，直接长成植株。

然后是试管苗的移栽。在试管里培养的从花药里长出的小苗常挤成一团，小苗细弱而且根系不发达，不能直接移到土壤中去，必须先将它们分株移到有培养基的试管中，当小苗形成发达的根系，长出4~5片真叶时再移到花盆，盖上塑料薄膜，待其长出8~9片叶子后，再移到田间。

第三步是染色体加倍处理。由花粉长出的小苗是单倍体植株，发育较弱，植株矮小。它的茎、叶、花等器官都比二倍体的植株小，就像植物中的"小侏儒"。由于染色体是单倍的，所以在减数分裂过程中不可能再产生正常的植物细胞。因此，单倍体植株不能结出果实，在育种上没有价值，所以还需要用人工方法进行染色体加倍处理。常用的方法是用稀的植物刺激素——秋水仙素处理小苗的根或芽。秋水仙素能作用于正在分裂的细胞，抑制纺锤丝的形成，使已经一分为二的染色体不再分到两个子细胞中去，仍留在原来的细胞中，这样在一个细胞里染色体数目就加倍了。药效停止后，细胞又进行正常分裂，结果整个植物体就变成了二倍体植株。

利用获得单倍体植株进行育种有什么好处呢？首先是快，它可以加快育种速度。一般常规杂交育种，从杂交到获得一个稳定的后代常要8~10年的时间，而从花药培养到产生稳定后代只需2年时间，所以可以大大缩短育种年限。

我国科学家于1970年开始花药离体培养研究。目前，我国在花药培养育种上的成就已居世界领先地位。国际上已有200余种植物通过花药培养获得再生植株，其中我国培育出来的就有40余种。它们主要是粮食、油料、蔬菜、林木、果树等重要经济作物，花药离体培养技术已为国家的经济做出了巨大贡献，它今后必将发挥越来越大的作用。

● 在细胞膜上钻孔

看了这个题目，你一定会认为是在说梦话！只有在显微镜下才能看得见的细胞，它的膜更是薄得出奇。要在极薄的细胞膜上打孔，这不是天方夜谭吗？

科学技术的发展就是这样的神奇，人们不是把"嫦娥奔月"式的美丽传说变成现实了吗？

"世上无难事，只要肯登攀。"20世纪70年代，一大批美国生物化学家经过千百次的实验,大胆创新,克服重重困难终于找到了能在细胞膜上钻孔的"钻头",并且在钻孔后还能把细胞膜完好地封闭起来。

在细胞膜上钻孔的大体做法是:首先将需要钻孔的细胞放在特制的溶液里,冷却至0摄氏度以下,然后对溶液实施瞬时放电,这样,细胞膜就被"电子钻"钻出不同直径的微孔。孔的大小,可通过调节电压来达到,一般来说,电压大,所钻的孔直径也大,反之则小。

钻了孔后,又怎么样把孔封起来呢?科学家们从实践中摸索到一个巧妙的方法:他们把钻好孔的细胞温度回升到30摄氏度以上,细胞膜就会膨胀,自动地把孔封闭起来。

1980年,德国科学家应用细胞钻孔术,首次制成了第一批药物导弹。他们先从人体上抽出红细胞,然后将红细胞放于溶液中,冷却到0摄氏度以下,在千分之一秒的时间内用1000伏电压钻孔后,把它放入药液中,药液就随"孔"进入细胞内部。最后,把温度升高到32摄氏度使细胞膜封口。这样,以红细胞为载体的药物导弹就制成了。

用药物导弹治疗人体内受感染的组织或癌细胞,攻击性强,命中率高,而又不会伤害其他正常细胞。我们知道,传统的药物治疗方法,药物很难达到病变部位,因为这些化学药物在进入体内到达病变部位前,会或快或慢地衰减和蜕变而失去疗效。医生们在治疗癌症等危重病人时,为了使病变部位得到有效剂量的药物,常常给以高出有效剂量成千上万倍、甚至十万倍的大剂量，而大剂量的药物往往损害人体的健康组织，使患者中毒。这是癌症难以用化学疗法治愈的关键性所在。

如果把药物做成以红细胞为载体的药物导弹的话，这个药物导弹注入人体后，它就像那些长着"眼睛"的定向导弹一样，随着血液流动，直奔攻击目标——癌细胞，而且还能像带核弹头的导弹一样，在它身上也可带上"核武器"——抗癌药物，去"轰炸"身上的癌变部位，不偏不倚地将癌细胞一举扑灭，达到理想的治疗目的。这种药物导弹能使抗癌药物集中攻击癌细胞，杀伤作用比普通药物提高了上千倍。这种疗法无疑将给千百万癌魔缠身的不幸患者带来新生的希望，是征服癌症的一种威力神奇的武器。

运用细胞钻孔术，还可治疗人类的遗传病。据统计，迄今为止人类已发现2000多种遗传病。遗传病又称分子遗传病，它是一类由父母通过遗传物质传给后代的疾病。遗传物质就是DNA，它藏在细胞核内。遗传疾病正是父母传给细胞中的DNA分子的某个片段出了毛病。根据细胞钻孔术的原理，科学家们大胆猜想：把有毛病的细胞取出来，钻个孔，然后把细胞内的DNA分子片段进行修补与更换，封好口后再放回到体内。这样，困扰人类不可治愈的遗传病不就能被征服了吗？目前，医学科学家们正在进行这方面的努力。

现代分子生物学研究表明：人类的DNA分子上都含有一种原癌基因，正常情况下它是不表现活力的，但在某些外界条件刺激或生理影响下，原癌基因就会被激活、启动并发出可怕的癌指令，使正常细胞突然变得无序而胡乱地繁殖与生长，使人致癌。依据细胞钻孔的原理，如果科学家们有朝一日能纠正癌细胞的遗传密码，那么，根治癌症也就有办法了。

细胞钻孔术的发明，迄今不过十多年，但根据这一原理制成的药物导弹已广泛应用到临床上，被人们称之为医学上的一项重大革命。应用细胞钻孔术，进一步治愈遗传病和攻克癌症，人们还在不懈努力的探索之中。

● "多莉"和它的"父亲"

1996年7月间，在英国爱丁堡的罗斯林研究所悄然诞生了一只看似普通的绵羊——"多莉"。几个月后，当这一消息正式向世人公布，无异于在生命科学领域里引爆了一颗"原子弹"，令世人瞩目。

"多莉"，它有着怎样的身世能如此牵动人心呢？

"多莉"没有父亲！因为"多莉"的产生未经过精子与卵细胞结合的受精过程，属于无性繁殖，是科学家们用无性繁殖的方法克隆出来的。"多莉"也没有真正意义上的母亲！因为它的三位母亲都是名义上的。

虽然"多莉"没有父亲，但它却是科学家威尔穆特博士的心血结晶,因此,从某种意义上可以说,威尔穆特博士是"多莉"真正的"父亲",同时,他还是"多莉"的"助产士"。

威尔穆特博士是一位胚胎学家。他曾就读于诺丁汉大学。幸运的是,他遇到了在生殖学领域里赫赫有名的埃瑞克·拉明教授,在导师的引导下,大学毕业后的威尔穆特便进入了胚胎学领域,开始了他生命中的追求。

1971年,他去剑桥的达尔文学院深造,2年后获得了

克隆羊"多莉"和英国科学家威尔穆特博士在一起

博士学位,他的博士论文的题目是《关于牛精液的冷冻技术》,并且用冷冻胚胎培育出了第一头小牛。这项成果不仅提高了牛的产子量,而且通过将取自肉质和奶质最好的母牛的胚胎冷冻起来,再解冻以后植入其他母牛体内,这一方法明显地提高了牛的质量。

成功的喜悦使威尔穆特更坚信:"动物的基因技术将是我生命中的追求。"毕业后,他立即前往坐落在苏格兰爱丁堡市郊10千米远的一个村庄,加入了设在那里的动物繁殖研究所。这就是后来世界著名的生物技术研究中心——罗斯林研究所。

生活中的威尔穆特博士是一位温文尔雅、和蔼可亲、为人诚实、沉默寡言的人;工作中他却是一位做事谨慎、工作勤奋、富有创见性的科学家。这些品格使他成为一名成功的科学家。

1986年的一天,威尔穆特博士在爱尔兰参加一个学术会议,开会期间,他在一个酒吧内偶然听说某位科学家利用已经发育的胚胎培育出了一头羊,这个消息使威尔穆特博士更坚定了能够用体细胞克隆出高等哺乳动物的信念。

从此,他率领一个12人的科学小组开始了夜以继日的研究工作。时间飞逝,到了1996年7月,他们终于完成了这项令世人惊叹的科研项目:首次无性繁殖了一只哺乳动物——"多莉"羊。

为了慎重起见,这项实验的全部细节始终严格限制在其中的4名科学家之中。即使在"多莉"诞生之后,他们还是保持了较长时间的沉默,在此期间,他们申请了专利,以确保这项惊人的生物技术被世人认可。在消息公布之前,除了研究成员外,世界舆论对此事一无所知。事后,威尔穆特博士对记者说:"我们大家都应该分享今天的成功。"

威尔穆特博士是如何进行这项实验并一步步走向成功的呢?我们来看看"多莉"是怎样诞生的。

首先,他们先从第一头6岁的芬兰多塞特母绵羊的乳腺中取出一个乳腺细胞,用作无性繁殖。因此,威尔穆特博士他们认定这头母羊就是以后诞生的"多莉"的"母体",请注意,不是"母亲"!

这个乳腺细胞是一个体细胞,它含有双倍的染色体,也就是说,这个体细胞内含有一整套控制芬兰多塞特母绵羊性状的所有基因。

然后,他们让这个乳腺细胞在实验室控制的环境下生长着、分裂着、复制着自己……

接下来,威尔穆特博士他们再利用药物促使第二头苏格兰黑面母绵羊排卵,将这只未受精的卵细胞从母羊体内取出,把它放到实验室内一个极细的试管内。然后他们小心翼翼地用另一种更细的试管将卵细胞膜刺破,并从中吸出含有染色体的细胞核。这样就制成了一个具有活性但没有遗传物质的卵细胞空壳,这犹如一只去了蛋黄只留蛋清的鸡蛋。当然了,卵细胞很小,他们必须靠一种显微注射仪的帮助,在放大几十倍的条件下才能完成上述工作。

第三步，要进行细胞核的移植了，这是最关键的一步，"多莉"能否诞生，成败在此一举。他们把第一步中的乳腺细胞与第二步中已经去核的卵细胞放在一起，在一定强度电流的刺激下，使它们融为一体，组成一个含有新的遗传物质的卵细胞。然后卵细胞内的分子按照乳腺细胞内的基因开始在试管中分裂、繁殖，逐渐形成羊羔胚胎细胞簇。

第四步，当胚胎细胞簇生长到一定程度时，他们将其植入第三头母绵羊的子宫内，使它怀孕，这第三头母绵羊在整个实验中扮演的是"代理母亲"的身份。由此诞生的羊羔便是第一头芬兰多塞特母绵羊无性繁殖成功的"多莉"。

就这样，经过威尔穆特博士及其科学小组的努力，世界上第一头无性繁殖的绵羊——"多莉"，终于在1996年7月间在爱丁堡罗斯林研究所培育成功了。

在"多莉"的诞生过程中，有3头母绵羊做出了贡献。那么，到底谁是"多莉"的母亲呢？

从分子生物学的角度讲，作为母亲，它必须为后代提供一个完整的卵细胞，在此基础上，再与作为父亲所提供的精细胞相结合，成为一个受精卵，然后经过细胞分裂才逐渐发育成长起来。而"多莉"却没有一头母绵羊给它提供过一个完整的卵细胞。所以说，"多莉"的这三个"母亲"都是假的。

第一头芬兰多塞特母绵羊提供的是一个体细胞——乳腺

细胞，很明显它提供的不是一个卵细胞，当然不能算作"多莉"的"母亲"，而只能算作"多莉"的母体，因为"多莉"身上的遗传基因与它完全相同。

第二头苏格兰黑面母绵羊虽然提供了一个卵细胞，但是这个卵细胞却被威尔穆特博士他们用极细的试管吸出了含有遗传物质的细胞核，因此，它只能算是一个卵细胞的空壳，自然第二头母绵羊也不能算作"多莉"的"母亲"。

而第三头母绵羊呢，更只是提供了一个孕育胚胎的场所——子宫，它将"多莉"在自己的体内怀了148天的时间，如果要算"母亲"的话，它充其量只能算作"代理母亲"。

由此可见，"多莉"的确没有一个真正意义上的母亲，它的三个母亲都是名义上的。由于生物体的遗传基因主要集中在细胞核内，细胞核基本上包含了生物遗传所需的全部基因，它决定了生物体的各种遗传特征，因此，与"多莉"关系最密切的自然是第一头芬兰多塞特母绵羊了。

● 克隆——生命科学的新突破

20世纪90年代末期，世界生物科技热点问题中最受人关注的就数克隆了。其实，克隆现象并不神秘，在日常生活中，我们随处可见克隆的影子。

俗话说："无心插柳柳成阴。"当你从柳树、杨树、梧桐等树上折一根枝条插入土中时，就会长出根、茎、叶俱全的树木，这是植物界的体细胞克隆。在公园、街头看到年轻的父母领着双胞胎或多胞胎游玩时，人们并不惊奇。只是大家并不知道，这实际上就是人类的胚胎克隆。

目前，生物科学的飞速发展，使科学家们已经能成功地克隆出许多新生命，克隆猪、兔、鼠，乃至灵长类动物——克隆猴已变成现实。但在所有的克隆动物中，英国的绵羊"多莉"却独占鳌头，被世界公认为生物学的一大突破。

"克隆"是英文单词clone的译音，在生命科学中是指无性繁殖。无性繁殖并不是说繁殖出的个体没有性别，而是与有性繁殖相对而言，指不需要经由受精卵形成胚胎，它是创造生命的另一种形式。这种技术相当于复印，也就像电影胶片的拷贝。在克隆绵羊"多莉"诞生之前，由无性繁殖产生的一个个哺乳动物只存在于科幻小说中。克隆绵羊技术的成功打破了哺乳动物界的自然规律：在有性繁殖中，父体与母体的遗传物质在后代体内各占一半，因此，有性繁殖动物的后代绝对不是父母任何一方的复制品。而经无性繁殖的绵羊"多莉"却是一只雌性绵羊的复制品，它的性别同那只为它提供乳腺细胞的成年绵羊一样是雌性，它继承了那只成年羊的全部基因特征。

克隆技术开展得较早，在20世纪60年代，英国剑桥大学的戈登教授就从事了一系列"复制"蛙的研究。他首先用紫外线照射一个青蛙的卵，来破坏卵里的细胞核。卵因此失去了储存遗传信息的细胞核，当然就不能再发育成为一个新个体。这时候，戈登教授从一只成蛙身上取下一个体细胞，它和精子、卵子不同，体细胞的细胞核中含有两套染色体，而精子、卵子中各只含有一套染色体，他把这个体细胞的细胞核注射到没有细胞核的卵子中，体细胞中两套染色体所携带的遗传信息，在无核的卵细胞的"呵护"下，也可以发育成一只看起来完全正常的成蛙。

从"复制"青蛙成功以后，不少科学家就开始努力探讨"复制"哺乳动物技术，可是，长久以来没有一个成功的例子。

克隆绵羊"多莉"的成功，打破了高等哺乳动物生命复制的"禁区"。它的科学原理在于：由于任何一个动物的体细胞都含有完全相同的遗传物质，它存在于细胞核中，因此只要取一个体细胞，放入一个没有受过精的去掉核的卵子中，使这个体细胞取代卵子中的细胞核，这个特殊的卵细胞就能够像普遍受精卵那样在母羊子宫里生长发育成胎羊。但这种克隆技术并不像复印文件那样简单，它的成功率很低。据说，英国罗斯林研究所共做了400多个例子，人工重构成247个特殊卵细胞，但最后仅一例获得成功，这就是不同寻常的克隆羊"多莉"。

克隆生物也不可能像有些人想像的在生命工厂的流水线上便可批量生产那样简单，因为经过细胞核移植的卵细胞也要被送到雌性动物的子宫内,经历如同有性繁殖的受精卵要经历的过程,包括数月怀胎,一朝分娩等,最后才能形成动物个体。

　　细胞核移植技术并不鲜见,早在1938年就有科学家开始了这项工作。到了20世纪60年代,细胞核移植技术就获得了成功。它的过程大致是这样的:动物在繁殖时进行有丝分裂,这时母细胞中的染色体首先分裂,然后以这两套染色体为中心,形成两个子细胞。实验人员在卵子分裂周期中的一定阶段将细胞核取出,这个过程就像从一只鸡蛋中取出蛋黄一样,然后将一个事先备好的另一只同类动物的细胞核植入到这个已经去核的卵子中,再利用微电流刺激等手段使两者融为一体。如果这一过程顺利的话,从理论上讲,卵子若按原先的周期分裂,便可发育成胚胎,然后再将胚胎植入第三只动物的子宫中继续发育,直到产生幼体。最终产下的动物将是与提供细胞核的动物基因相同的动物。

　　克隆绵羊"多莉"的出现,标志着人类首次成功地将高度分化的体细胞无性繁殖技术应用于哺乳类动物。各国媒体报道的一般克隆动物如克隆猪、克隆兔、克隆猴等与克隆绵羊"多莉"在技术原理上大致相同,根本上的差别就是绵羊"多莉"采用的是以体细胞核作为供体,而其他克隆动物是以胚胎细胞作为供体。

　　克隆绵羊"多莉"的诞生是生物工程技术发展史上的一个里程碑。它预示着体细胞克隆技术即将成熟。那时，人类的诸多梦想和困境必将因克隆技术的完善迎刃而解。

对农业、畜牧水产业来说，体细胞克隆技术的成功，为筛选和培育优良品种提供了广阔的天地，它能避免因物种的杂化而造成良种丢失。由于环境污染的日益严重，植物种质资源受到了极大的威胁，大量珍贵物种遭到灭顶之灾。为此，用细胞和组织培养法低温保存种质，抢救有用基因的研究进展很快，如胡萝卜和烟草等植物的细胞悬浮物，在 $-20\sim-196$ 摄氏度的低温下贮藏数月，仍能再恢复生长，再生成植物。

绵羊、山羊以它们的乳汁、蛋白质为人类提供了营养丰富的食品。某些蛋白质的需求量极大，采用新技术就能在家畜中获得比以前更多的蛋白质。目前，牛奶中的饱和脂肪给众多消费者的健康带来了问题，而新技术有可能使牛奶中含更多的不饱和脂肪；又如对水貂、狐狸、绒鼠等毛皮动物，利用嵌合体可以得到按传统的交配或杂交法不能得到的皮毛花色后代，提高毛皮的商品性能，同时还可以克服动物种间杂交繁殖障碍，创造出新物种。再比如，利用其他动物代替珍贵的大熊猫妊娠产子，可能加快国宝的繁殖。

在医学、制药领域克隆技术更是潜力无穷。人们很早就通过克隆技术生产出了治疗糖尿病的胰岛素、使侏儒症患者重新长高的生长激素和能抗多种病毒感染的干扰素等。目前，美国、瑞士等国家已经利用克隆技术培植人体皮肤进行植皮手术。例如，有一位美国妇女在一次煤气炉意外爆炸中受伤，75%的皮肤被严重烧伤。医生从她的身上取下一小块健康皮肤，送到波士顿一家生化科技公司。运用克隆技术，30天后，培植出足以覆盖病人烧伤面积的健康皮肤，治愈了病人的伤口。46天后，病人痊愈出院。整个治疗过程比传统的方法缩短了2/3的时间。这一新技术有效地避免了异体植皮可能出现的排异反应。

克隆技术还可能解决人类器官移植手术中可移植器官不足的困难。科学工作者热衷于用猪的器官移植到人体，这是因为猪器官的大小与人体的相仿。但要使人体免疫系统接受猪的器官，不产生排异反应，就必须对猪进行基因改造，使之含有人的基因，从而"诱骗"人体免疫系统放过异体器官。如果培育出了一头含有人基因的转基因猪，再利用克隆技术进行繁殖，医疗界便可以得到充足的可移植器官。科学家们已经预言，在不久的将来，将借助克隆技术"制造"出人的乳房、耳朵、软骨、肝脏，甚至于心脏、动脉等组织和器官，大量供应医院临床使用。

植物几乎能生产人类所需要的一切天然有机物，如蛋白质、脂肪、糖类、药物、香料等，而这些有机物都是在细胞内合成的。因此，通过植物组织培养对植物的细胞、组织或器官进行无性繁殖，就有可能在人工控制的条件下生产这些有机物。这个目标如果实现，将会改变过去靠天、靠阳光种植作物的传统农业，而成为工厂化农业生产。

　　值得一提的是，克隆绵羊的诞生虽然被称做是20世纪生物科学的重大突破，但它容易使人联想到复制出人类自身所带来的种种恐慌。科学家们已经证明：复制出与某人绝对一样的克隆人的想法是荒谬的。因为严格地讲，克隆并不是100%地复制。供体的核在卵子的细胞中将受到细胞质的影响，母体子宫环境和生理条件也影响着发育中的克隆体。另外由于克隆体和他的供体有几年甚至几十年的间隔，他们的经历和生长环境各不相同，这些后天的差异更是无法复制的。比如把爱因斯坦复制出来，他也许还会很聪明，并且很可能同样有一头白色的乱发，但他未必会成为物理学家。有一位教授说得好：即使能克隆人，但也只能克隆他的躯体。他的思想、他的行为、他的知识才华都不能复制。